▶ 一 本 人 人 都 该 拥 有 的 防 骗 指 南

一本书看懂
情感陷阱

防PUA操纵实战

潇邦 —— 著

民主与建设出版社

·北京·

© 民主与建设出版社，2022

图书在版编目（CIP）数据

一本书看懂情感陷阱 / 潇邦著. –– 北京：民主与
建设出版社, 2022.5

ISBN 978-7-5139-3865-5

Ⅰ.①一… Ⅱ.①潇… Ⅲ.①情感－通俗读物 Ⅳ.①
B842.6-49

中国版本图书馆 CIP 数据核字（2022）第 096227 号

一本书看懂情感陷阱
YIBENSHU KANDONG QINGGANXIANJING

著　者	潇　邦
责任编辑	周佩芳
封面设计	尚世视觉
出版发行	民主与建设出版社有限责任公司
电　话	（010）59417747　59419778
社　址	北京市海淀区西三环中路10号望海楼E座7层
邮　编	100142
印　刷	香河县宏润印刷有限公司
版　次	2022年5月第1版
印　次	2022年9月第1次印刷
开　本	710mm×1000mm　1/16
印　张	13
字　数	180千字
书　号	ISBN 978-7-5139-3865-5
定　价	58.00元

注：如有印、装质量问题，请与出版社联系。

序

    PUA 原本被称为"搭讪的艺术"，但后来慢慢发展成了亲密关系中一方对另一方的打压、挖苦、讽刺、威胁、跟踪等一系列操纵，从而达到完全控制和支配另一方的目的。这种控制不像身体暴力那么直接又容易识别，但对被控制者造成的身心伤害不亚于直接暴力，所以，很多人把 PUA 看成隐蔽性好、影响力大、伤害性强的操纵术。不夸张地讲，这是一种"以爱之名，施以极刑"的危害，受控制的一方往往在初期难以察觉，等到了真正被控制以后就会出现自卑、依赖、失去自我甚至自我放弃或自杀的念头。

    最初人们对 PUA 的认知以为只存于恋爱和男女之间的亲密关系中，后来随着人们对 PUA 认识的不断加深，发现这种情感操纵还存在于其他各种关系里，比如职场、校园、家庭中 PUA 都时有发生，我们时常听到的"职场霸凌""校园欺凌"就是 PUA 的一种。

    根据美国心理学会官网的定义，霸凌是一种攻击行为，指一个人故意且反复地对另一个人造成伤害或让他不适，其本质是一种支配行为，通过压制他人来获取对被霸凌者的掌控。"霸凌是人与人之间不平等权利之下的欺凌与压迫，长期存在于人类社会之中。霸凌既可能是肢体或言语的攻击，人际互动中的抗拒及排挤，也有可能是类似性骚扰般地对性的谈论，或对身体部位的嘲讽、评论或讥笑。"而这种定义与 PUA 的手段非常相似，情感操纵是一种隐秘的霸凌行为，操纵者多数是伴侣、朋友或家人。他们一边嘴上说着爱你，一边暗中搞破坏和控制你，被控制的一方能够感觉到某个地方不对，但又说不出来。无论是被控制还是被霸凌，对于当事人来说都是一种灾难，他们长期被否定和打击、挖苦与讽刺、威胁与欺凌，并慢慢将这种被控制的模式内化，从而产生一种不自觉的"自我否定"模式，自己也开始主动怀疑和打击自己，也就是开始自我 PUA，最终让自己陷入精神和心理的恶性循环。

这种情感操纵有些是有意识的，而有些是无意识的。在我们的"亲密关系情感"APP 平台上，我们接触过不少情感方面的当事人和案例后发现，不论是什么样的情感操纵，它给被操纵者的心灵都造成了不可磨灭的创伤，甚至有些被操纵的人自己都没有意识到这一点。由于长期处于被贬低或被压制以及这种恐慌不安的局促氛围中，所以，这些被贬低的人渐渐开始自我指责和怀疑，使得他们的情感和自我意识都陷入了一种病态的模式。

近两年来，PUA 一词成为网络流行语，多数人都听说过，甚至也有人使用过，但没有多少人能真正讲清楚它的具体含义和行为。也正因其内涵相当微妙难解，使得这个词在网上传播开来后，很快被泛化了，甚至被宽泛地用于在开玩笑的场合下指代"欺骗"乃至"压迫"，似乎只不过是原有的词换个时髦的新说法而已，但它其实并不仅仅如此。因为 PUA 情感控制是一切不幸福的死穴，也是虐待的基础，任何人都没有权利对别人进行操纵从而打击别人的信心，任何人都有权利活得幸福阳光而不受制于人。所以，识别PUA，避免陷入这种恶性情感关系模式非常重要。因为，之所以有人敢于去控制别人，压迫别人，在情感上虐待别人，不仅仅是一个人造成的，而是双方都有责任。操纵别人情感的人固然要对自己的行为负责，被操纵者也是有一定责任的，被操纵者往往具有脆弱与低自尊的一面，总期望得到对方的认可或者是有为了维持某段关系而不惜付出一切代价的心理需求在作怪。因为是双方的事情，所以PUA虽然可怕但并不是无解，只要被操纵者能够识别操纵者的意图和行为，勇敢、明确地拒绝和强势扭转，及时从这种不对等、充满伤害的关系中挣脱出来，就能找回原本的自信和快乐，让自己获得新生，重新拥有幸福的生活。

PUA有两个核心步骤，第一步是先让你认为自己毫无价值，第二步是让你相信只有对方才可以让你变得有价值。所以一提到PUA这个词，我们总会有种毛骨悚然的感觉。这也说明，鉴别和预防PUA是非常有必要的。

在日常生活中，我们难免要与各种人建立各种关系，如恋爱关系、亲子关系、职场人际关系等，其中难保就不会遇到极端的人。因此，知道什么是PUA，如何防范PUA，是我们每个人都应该了解的，这也是本书的写作目的。

本书探讨了PUA的起源及现状、常见类型、我国有关PUA惩罚的法律法规及政策文件、PUA典型案例等，并在此基础上重点介绍了防御PUA的方式方法。总之，通过本书，能让读者彻底看懂PUA情感操纵术，帮助那些遭遇过或正在遭遇情感控制的人找回自尊与力量。

目录

I
保护自己，
从了解PUA开始

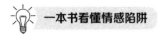

PUA发展起源和现状

　　PUA 全称为"Pick-up Artist"，原意是指"搭讪艺术家"，是男性通过系统化学习、实践并不断更新提升、自我完善情商的一种行为，后来泛指很会吸引异性、让异性着迷的人和其相关行为。主要涉及的环节有：搭讪、互动、建立并确定彼此关系，直到发生亲密接触且发生两性关系。后来，PUA 成了一些人用来骗色、骗财的手段，通过有意设立陷阱来达到情感操纵的目的，甚至不惜引导对方自杀来满足自己变态的控制欲。随着近几年的事件曝光，PUA 概念的范围不断扩大，从两性 PUA 到职场 PUA、家庭 PUA 等，利用某种优势地位，通过精神控制，操纵他人来满足自己的控制欲。

　　PUA 最早起源于 20 世纪 70 年代的美国。当时的美国社会正在进行着剧烈的变化，女权主义和性解放盛行，一些反叛的年轻人离开父母进入大城市，开始期望用更高效的方法来结交异性朋友。PUA 原本在国外是一个流派，是帮助因害羞、紧张等原因的男性可以和异性进行正常的交流对话，从而确定恋爱关系的一种组织。PUA 一开始只是用于帮助引导男性提升自信，学习搭讪、互动技巧，以便于去找到自己的真爱。然而随着"泡学"的发展，渐渐演变成了通过作假包装等形式去欺骗女性的感情，目的是获取更多的"战利品"，不仅力求与对方快速发生关系，还试图获取财物，甚至教唆对方自残、自杀。

20 世纪 80 年代，美国作者埃里克·韦伯（Eric Weber）撰写了一本专门讲述如何提高与异性交往成功率的书籍《如何泡妞（How to Pick Up Girls）》。从此书面世开始，PUA 在社会上取得了自己的文化专有领域，并且在短时间内兴起了许多不同的 PUA 门派。1987 年，美国导演詹姆斯·托贝克（James Toback）自导自演了一部自传性的电影《把妹艺术家（The Pick Up Artist）》，可以说，该片推动了 PUA 亚洲文化的传播。

PUA 在 21 世纪进入中国，由于受书籍和电影的启发，一部分人很快就接受了 PUA 宣传的"泡妞巢穴"模式，网络媒体迅速包装出一系列"知名"的 PUA，利用微博、人人网、主题站等模式迅速积累人气，然后四处巡讲，开堂授课。2018 年，网络上出现以"自杀鼓励""宠物养成""疯狂榨取"为卖点的 PUA 课程教学售卖，且学员众多。最初去学习 PUA 的学员都是抱着"开发心智"的目的，他们多数人没有感情经历，但希望找到一位"情感导师"，第一是好奇，第二是学习。让他们想不到的是，开这类课程的"教育者"，传授和灌输给学员的却是"骗"，"教育者"利用年轻人急于脱单的心理，让他们接受一种"骗术"，这种骗术能够快速赢得异性的青睐。如果这个"骗"只是单纯地骗感情，这还只是

PUA 坏的一个方面。如果这个骗已经发展成了"诋毁"和"控制"教唆别人放弃生命，就成了"恶"。

对于有着强烈控制欲望的男子来说，PUA 学说简直就是"圣经"，PUA 使用者无关于经济水平和学历能力。他们深知 PUA 的精髓，就在于伪装。不管是女性把自己伪装成涉世未深、纯洁懵懂的傻白甜，还是男性把自己伪装为成功人士，其行为的实质都是欺骗。

在被 PUA 的过程中，女孩付出了自己的真心，殊不知自己在 PUA 者的眼中就是一个消遣。

如今，PUA 的"搭讪艺术"已全然变了味，由原先帮助提升与异性交往能力的技巧，演变为快速把妹的"骗学"，通过对女性的魅惑欺骗，寻求不负责任的短期性行为，而且崇尚走量。在 PUA 者之间，欺骗与玩弄女性的能力可以量化为具体的数字，短期内征服异性越多证明能力越强，而这样的扭曲价值观仅仅是为了有炫耀的资本。

随着人们对 PUA 的认知在提升，社会上对 PUA 的反对声音也开始出现。2015 年公益组织"小红帽"主要通过公益讲座、咨询服务等，帮助公众了解 PUA 存在的问题；其次是干预，给 PUA 受害者提供相关支持。由于该组织是个人创办，缺乏资金来源，能提供的帮助不多。2018 年，暨南大学 4 位应届毕业生开发了一个名为《不良 PUA 调查实录》的游戏，主要介绍 PUA 的"五步陷阱法"的流程，但在短暂流行后也被人遗忘。我们专业的情感咨询也为很多陷于情感困扰的人带来了帮助。但是，从公益、社工的角度出发，仅仅靠志愿者的参与来反对 PUA 的成效相当有限。目前国家已经将"PUA"这种两性关系的教育纳入了中小学的课程中。法律也开始重视起了隐蔽的"PUA犯罪"，对于被控制人受到的伤害会积极取证，对实施情感控制的人进行起诉并要求对方承担法律责任。

所以，正确看待和学习什么是PUA，且如何避免自己成为被PUA的人，已成为保护自己、保护他人的一种干预手段。

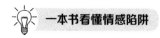

被PUA的明显特征

网络流行语代表着某一种现象，现在人们总会提到"被PUA"，是指被对方构造的表象迷惑，掉入了情感的陷阱，并在这段感情中不断被打击，最后失去自信心和自尊心，被精神控制的过程。

假如你现在正在热恋中，但身边的朋友却说你被PUA了，那么你很可能被恋爱对象欺骗了。这个欺骗比如说，他说自己现在单身，但是他也许有对象甚至已经结婚，或者他说自己是某公司的高管、CEO，但其实只是一个普通的员工。更高深的被PUA情况，那就是假如你在恋爱中，男朋友经常打击你，让你认为自己离开他就找不到其他人了，这个就是精神层面的PUA。

之所以能被PUA，是因为被PUA的人"当真了"，TA认同了别人对自己的负面评价，产生了自我怀疑，但同时，心中又有一个声音说：不，我不是这样，我要证明自己。于是，这样的人就会徘徊在"我真差劲"和"不，我很棒"之间，这就是痛苦的根源。既无法包容自己差劲，也无法证明自己的优秀让别人认可。

一旦一个人在感情中被 PUA，后果比你想象的可能还要严重得多。我们曾帮助过很多客户，为解决他们的情感问题提供思路和概念，替他们分析什么是真正的感情，什么是带来欺骗性质的感情。

PUA 的老手们最善于伪装。他们在和你交往的初期，往往表现得很 nice，或很有魅力，只要你有需要，他们都会竭尽所能地满足你，让你体验到被无时无刻呵护的幸福。

这样的幸福感，会让你放松警惕，变得视野狭窄，只看到对方身上的好，而忽略掉对方身上的不足和问题。

然后，他们就开始一点一点地收网。如果在这个时候，你足够警觉和清醒，识别出对方对你 PUA 的信号和迹象，你是有机会逃离陷阱的。

那么，被情感操纵的明显特征有哪些呢？从操纵者一方来看：

1. 前后不一，反差巨大。情感操纵属于"骗"的范畴，所以情感控制者都精于伪装。在追求一个人的时候，TA 会展现出温柔体贴和善解人意，甚至是大方多金，给被追求者营造一种甜蜜和安全的氛围，让对方觉得自己遇到了值得托付的人。因为是伪装的，总会有摘下面具的一天。TA 一旦俘获了目标，本性就会暴露出来，利用对方死心塌地的爱来引导对 TA 付出金钱、精力、时间甚至是健康。一个人的言行和品质具有稳定性，一旦前后不一，反差巨大，往往伴随着利用和控制。所以，在一段关系建立的时候，言行不一的人值得警惕。

2. 打压代替鼓励与欣赏。如果正常地爱，双方会给予对方欣赏与鼓励，而情感控制中一方想要达到控制另一方的目的，就必须摧毁对方的自信与自尊，让她失去自我。而最直接的方法就是不断贬低和打压她，让她产生深深的自我怀疑和自我否定，最后迷失自我，不得不听命于人。实施PUA的人往往习得了一套"对别人思想进行操纵"的操纵术，他们的打压方式无所不用其极，从你的身材相貌、衣着打扮、处事方式、工作能力等各个方面抓住一点点小瑕疵就会进行打压和贬低。时间久了，就会让你产生错觉，觉得自己配不上他，和他在一起是上天的恩赐，必须听命于他，才能拥有这段稳定的感情。

3. 具有暴力倾向。任何一种控制都会埋下暴力的隐患，情感控制者想要的最终目标就是让你妥协和服从，从而任他摆布和操纵。情感控制者从最初的言语打压和道德绑架，最后发展到不满足于这种精神控制，就会发展成为肢体的暴力。生起气来，就是摔东西，动手打人。在动手过后，他们又会跪求你的原谅，一旦你轻易原谅，后面就会有不断的实施操控的事件发生。最终形成一种恶性循环。

4. PUA的人几乎都会侵犯他人的隐私，操纵你的生活，这种行为是犯法的，但处于情感操纵状态中，对方不会在乎是否触犯法律，这是一个辨别的最好特征。

从被操纵一方来看：

1. 产生了一种飞蛾扑火的感觉。有些女生明明意识到自己对这段关系的感觉并不美好，但却有一种飞蛾扑火的壮烈美感，不顾一切地想要证明自己是对的。不是女生傻，而是玩情感操纵的一方套路深。

2. 觉得自己特别糟糕。由于被对方打压从而对自己不再自信，哪怕自己本身特别优秀，也会渐渐对自己的信心产生动摇，会怀疑是自己不够好，配不上对方。记住：通过打压来贬低对方的价值，实现在一段关系里获得更高的地位，这是一个情感操纵者惯用的手段。如果在对方的眼里，你是一个缺乏价值的人，那么不是你不够好，而是你被操纵了。

3.无底线地付出。被情感操纵的人往往会有一种错觉"我很爱他，付出是应该的"，所以无论对方提出什么样的无理要求，都会接受和忍受。有很多善于情感操纵的人，会利用人性的这个弱点，通过亲密关系，获得自己的利益。一旦陷入这种不断被索取的关系里，伴随着"沉没成本"效应的不断累积，就会很难从这段糟糕的关系里抽身。

当出现以上这些明显特征的时候，你不妨问问自己，是不是"被PUA"了。

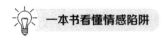

识别PUA的套路和流程设计

市面上有不少打着"提升社交能力"和"恋爱大师"幌子的课程，背后实则是一套 PUA 对别人思想进行操纵。这套操纵术会教给人如何确定目标、建立吸引、营造舒适感、进入亲密状态，最后达到控制别人的目的。这就是学习"PUA"后的收获的"能力"。

我认为，变了味的 PUA 把行为心理学的伎俩放在两性关系里，通过某些动作看懂对方的心，然后通过指导学员背下固定的聊天话术，然后进行自我包装和"价值展示"，以此来吸引女孩，为的是让自己脱颖而出，好让目标上钩。

不要觉得这种 PUA 离自己很远，我们的友情、亲情、爱情都有可能接触到，情场失意、友情决裂、家庭不幸福往往都跟这种情感操纵有关。想要钓鱼就要像鱼一样去思考，同样的道理，想要搞明白什么是情感操纵，就要像实施操纵者那样去思考。他们具体是怎么实施的，有什么套路和流程呢？

第 1 步：他们会主动示好。实施情感操纵的人首先通过示好以此降低你的防备心理，有句话叫"无事献殷勤非奸即盗"，所以，在他们眼里你是一只小白兔，他们是披着羊皮的大灰狼。为了达到"猎获"的目的，他们会表现出一副充满温情的样子。

第2步：贬低四部曲。首先，PUA惯用的手段就是贴标签，他们不讲求同存异。你去酒吧，他们会贴一个"坏女孩"的标签给你，你不去酒吧，他们会贴一个"你是土狗"的标签；你化妆打扮，他们会贴一个"长相不行全靠化妆"，你不化妆打扮，他们会说"生得本来就难看还不会化妆"……总之，万物皆可以贴标签。其次，持续性提意见制造焦虑。比如，经常性地说"你是不是应该再温柔一点""再瘦一点就好看了""你整个人就毁在身高上""你就是眼睛太小了""你就是鼻梁太塌了""你就是胸太平了"……总之，就是各种提意见和打压，暗示你不符合他的要求，他们会一边说是"为了你好"，一边不断地嫌弃并提出问题，但是绝不教你如何提升，就像现在市面上的各种贩卖焦虑，收割流量的同时带着优越感的批判，但是不给实操方法，让粉丝用焦虑给他们的数据，买单的票子不就来了。再次，时不时进行安抚。斯德哥尔摩综合征就是先用巴掌把你扇晕，然后再给你一颗糖，巴掌扇得既疼痛又响亮，但糖给得也一定是干脆利落诚意满满，从此不提扇过的巴掌，只提给过的糖，让你忘记曾经的伤痛，只记得对方给你带来的甜蜜。这些行为会让你产生一种错觉，"虽然我又胖又丑，非常糟糕，但依然有人爱我，如果没有他爱我，我就什么都没有了"，以此让你逐渐失去对自我的判断和认知，会忘记是他把你推入了泥沼里。生活中会有不少女孩或结婚以后被家暴、被出轨，但她们会说"虽然他有时候很暴躁，但他对我是真的好"，而不会想到去远离这样的情感操纵者。最后，他会给你画饼。他会经常说"不是我做不到，只是时机还没有成熟，到时机成熟的时候我会把全世界都给你"。这只是一种画饼方式，让你对他依然抱有幻想而已。

第3步：卖惨，软饭硬吃。他们卖惨不是摇尾乞怜，而是站在道德制高点软饭硬吃，TA们会说"你是我男朋友，你必须养我""你是我女朋友，你必须给我当妈""你是我朋友，你必须什么都帮我""你是姐姐，什么都得让着他"，把可以选择做的事情变成必须做的事情，把权力包装成义务。他们的目的就是让你学会唯命是从，似乎觉得对他们好是应该的，他们天生是可怜的弱者，你有义务去照顾他们。到了这里，你已经进入了非常好控制的阶段，基本已经被他们裹挟着走了。

第4步：孤立。孤立是情感操纵者最常用的手段，我们都知道"三个臭皮匠顶个诸葛亮"，对方能骗得了你一时但不一定能骗得了你的朋友。所以，为了实现他们轻易控制你的目的，他们会孤立你，让你不接触朋友和外界。这样他们才会持续不断地对你进行操纵，让你不断相信他，认为全世界都没有人爱你，只有他才爱你。就像电影《长发姑娘》中女巫把公主囚禁在高塔里一样，他们能够踏着你瘦弱的肩膀，让你对"全世界只有他一个人会爱我"这一点深信不疑，从而帮助他们完成这套PUA。

俄罗斯套娃式的陷阱

人们形容情感操纵者为一层又一层的陷阱，如同俄罗斯套娃一样。层层递进，最后达到完美控制。在情感中，究竟有哪些陷阱呢？

第一，好奇陷阱。任何一段关系的建立都来自好奇，你对一个人没有好奇心就不会有进一步探究的冲动，更不会与之搭讪或爱上。不良的 PUA 使用者在与目标接触后，会以虚拟人设的方式达到吸引目标的效果。他们会根据目标的不同来打造自己的不同人设，以达到与目标性格较为贴合的人设，引起对方的好奇。比如，对注重外表和财富的女性来说，男性会伪装自己的身份和社会地位，通过穿着打扮进行提升，塑造一个既有实力又有魅力的"假象"。正常的包装是符合现在的价值观的，毕竟人都是"视觉动物"，尤其在这个看脸的时代。但不良的 PUA 使用者的包装和形象管理却是带有强烈的目的性，是带有捕猎的目的从而设置的陷阱和诱惑，会完全打造一套虚假身份和连带的世界观，毫无任何真实性，即使被揭穿也不会有一丝羞愧感。一般情感操纵者会将自己伪装成三种形象，比如成功人士、花花公子和浪漫才子。成功人士假装自己每天都特别忙，会有意高冷，把自己打造成富翁状态，觉得异性不可信任，所有接近他的人都是为他的钱。也许他根本没钱，但为了伪装他会假装自己有钱。花花公子的形象就是到处留情，不相信爱情。浪漫才子的形象就是向往自由，不喜欢被束缚，喜欢装出一副才子相，喜欢书、文字等一切可以装高雅的东西。无论开启哪种模式，都是为了让你觉得自己没有碰到过这样的人，从而对他产生好奇。

第二，探索陷阱。当一个人对另一个产生了好奇，就会有了进一步探索的欲望，这也是情感操纵者的手段。探索陷阱在实操过程中分为三个阶段：颠覆形象、情感共鸣、制造特殊性。首先不良 PUA 使用者会对之前建立起来的人设进行颠覆，假装在不经意间展露自己的秘密属性，引导目标探索自身所隐藏的属性。在了解的过程中，通过表现与初期树立的强势形象截然不同的情感，如疲惫、隐忍等，展现出反差极大的一面，以此来激发目标的同情心及保护欲，使得目标在情感上产生共鸣。最常见的手法是，塑造一个童年悲惨，或经历过创伤（如前女友背叛）的形象，激发女性的怜悯心，保护欲，即"母爱"的变体。也就是把之前的形象颠覆，让女方相信，自己是他的"拯救者"。这种"拯救者"的幻想能够激发一个人的目标感和价值感，从而打败自己的空虚。另外，"母爱"被激发，好奇心自然会加重，会主动探索更多的信息，最后向对方交心。对方会更了解你的弱点，找到利于下一步控制你的突破点。比如，一个让你好奇的"花花公子"，他忽然在某天喝醉跟你敞开心扉，说自己之前并不是这个样子，曾经有一个非常非常喜欢的女孩子，跟她经历了很多刻骨铭心的事情，但是最后被甩了，所以才变成现在这种玩世不恭的样子。他会刻意告诉你不要告诉别人，这件事只有你们两个知道。到了第二天，他就会恢复到之前花花公子的样子，和你倾吐的"真言"一概不记得，你问，他也不承认，制造一种全世界都不懂他，只有你懂他的假象。其实，这是对方有意引导你去探索他，发现他不一样之后让你心疼他，从而对他产生更深的迷恋和在意。

第三，着迷陷阱。着迷陷阱分为前期和后期，前期以暗示话术高压诱导 PUA 受害者，加速两性关系进度，当受害者向不良 PUA 使用者表白爱意、坦露心迹时，不良 PUA 便可行下一步操作。后期先营造自立自强的形象但内心却渴望被关注和温暖的虚假形象，以此来情感刺激 PUA 受害者，从而诱导他主动对其进行人格讨好、物质乞求，通过索取物质产品的方法，试探 PUA 受害者的经济实力和对自己的着迷程度，为下一步进行铺垫。这个阶段，他会不断地引导你向他表白。比如他心情不好的时候，你会关心他，其实这只是朋友间的普遍关心，但是他会不断地问你：为什么对他那么好，而不是对其他人也这么好？这个时候，在他的暗示下，你可能会跟他说：因为我喜欢你。等你忍不住向他表白后，他会迅速布置下一个陷阱。

之后，不良 PUA 使用者开始对目标态度忽冷忽热，一方相继以情感需求提出不同程度的物质乞求和价值投资，一方不断服从以物质条件满足对方予以安慰，此过程中令目标认为双方距离迅速拉近，甚至单方面认为达到了确立关系的阶段。着迷陷阱是最重要的一个环节，是受害者抽身的最后机会，关键也在此一环。这一环节，原本主动接近的一方会逼迫另一方承认是主动追求者，使之处于心理上的弱势地位。为了巩固这种强弱关系，语言上，要不断进行心理暗示。比如有些操纵者会叫女方"妈妈"，同时让女方叫自己"主人"。这就相当于用两种畸形情感取代了正常的爱情。此时，操纵者已经达到了百分之七十的目的，他会逐渐提出不平等的规则，比如不能随便见前男友，手机要定时上交检查，甚至还会隔离社交圈，暗示家人朋友都不值得交往等。如果不顺从这些不平等的规则，则会受到更大的暴力对待，比如，会出现言语暴力，性虐待和身体伤害。"着迷陷阱"在本质上是一套小型心灵控制机制的建设。完成了这一步，后续的操纵基本就稳定了下来。

第四，摧毁陷阱。所谓的摧毁就是从身心两方面对受控者进行不良打压，使其自尊被摧毁，不良 PUA 使用者会故意制造与之前伤心经历类似的场景，以欺骗他人、轻视他人、不尊他人为由，对目标进行不合情理的指责。在此过程中占据关系的制高点，利用对方希望挽回关系的心理，先发制人设局引入加以情感逼迫。就是"挑刺"，通过不断放大女方身上的缺陷，勾出女方的自卑情绪。实现这一步，对操作者的情商有很高的要求。如果直接挑刺，很有可能会引发争执。但如果佯装关心，换一种方式表达，譬如说"我觉得你最近脸色不好，是不是身体有点不舒服"，就能既让女方感到介怀，又无发作空间，只是在心中扎下了一根刺。实施情感操纵的人会跟你说自己最害怕被欺骗，有什么事一定要告诉他，然后会让你买一个小饰品作为信物，这代表着你跟他的感情。在你们交往过程中，他会寻找你哪怕一丁点的过错，然后说你骗他，并将这个"小信物"在你面前扔掉或者直接损坏，这时候你会拼命地证明自己，以期望挽回他。本质上摧毁陷阱是前几个陷阱的强化，绝大部分操纵者在这个陷阱之后，就能基本完全控制对方的情绪和人格，因为此时对方的全部原有世界观已经被摧毁，心理上开始完全依附于男方。其会逐渐开始相信，对方的好恶，就是卑微的自己活在世上唯一的价值体现。

第五，情感控制陷阱。当PUA受害者经历完摧毁陷阱的自尊摧毁后，不良PUA使用者可以根据个人兴趣选择进入感情虐待自杀陷阱。此时PUA受害者正处于自我意识模糊、理性思考能力较低的状态，不良PUA使用者便抓住机会向其认错，加以安慰，以达成回心转意、重新进入恋爱关系。恢复恋爱关系后，为了更深层次地控制PUA受害者，使其自我意识、理性思考能力丧失，难以切断该段关系，不良PUA使用者会对目标实施周期性极端情绪交替进行的策略，讨好和折磨程度逐渐加深。对目标进行多次极端情绪的行为，让目标盲目地相信为爱自残才是真爱的表现，最终使目标尝试自杀。到了这一步，男方基本就是以求财，甚至索取对方生命为目标。整个过程，就像俄罗斯套娃一样层层递进，最后让你的精神崩溃，然后对生命也不再那么热爱和重视，最终走向自我毁灭。

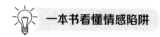

典型PUA案例分析

案例一：

一个女孩，开朗活泼，独立坚强。在谈恋爱后，一步步陷入自我怀疑中并逐渐跌入扭曲的深渊，万劫不复。

是什么造成了女孩天翻地覆的变化呢？是女孩的男友对她的精神控制和打压。当男友不断地强调"女孩的第一次是最美好的东西"，女孩曾委婉反驳："我最美好的东西是我的将来。"然而仅仅一个月后，女孩的观点便改变了。

随后，女孩猝不及防地自杀了。

2019年北大女生因受不了男友的精神控制服药造成脑死亡，半年后失去年轻的生命。在与男友维持恋爱关系的过程中，其称男友为"主人"，把自己当成被驯养的狗，男友称自己为"妈妈"，并且进行多次语言上的侮辱，以各种让人匪夷所思的方式来达到操纵她的目的。最终，女孩彻底失去自我，走向自杀。

百度百科上有过科普：对于虐恋者按施虐者（"Top""Dominant"，虐恋社群常称作"S""主人"）和受虐者（"Bottom""Submissive"，虐恋社群常称作"M""奴隶"）分类。虐恋者开始活动之前会商定相互之间的称呼，常见的受虐者对施虐者的称呼有"主人""女王"等，而施虐者对受虐者的称呼有"奴隶""母狗"等，受虐者和施虐者还有自称，例如"本王""狗奴"等。

案例二：

2020 年 5 月 20 日晚，广东饶平男子杨某写下遗书，在宾馆烧炭自杀。在杨某家属看来，杨某生前疑遭女友 PUA，且遭遇无资质的情感咨询师，服用其开具的精神类处方药。在家属查询的账单中发现，2018 年至今，男方为女方累计转款 20 万元，这还不包括礼物和日常花销！而这段感情维持的方式居然是每天给女友转账 666 元，不转就会被罚！2020 年 4 月 27 日，男孩向女孩诉苦"我爱你的方式，不能只有转账啊"，却得到女孩冰冷的回复："可以，你唯一要做的就是无条件地赚钱。"事实上，杨某生活得十分窘迫，家里已经为他还了 20 万元的账。家属提供的转账记录显示，2020 年 2 月 28 日到 2020 年 5 月 20 日，3 个月不到的时间，杨某就向邱某某转账超 10 万元。杨某家属认为，这种金钱来往已经超出正常情侣之间的赠与。两天聊天中聊到钱的时候，邱某某曾说"累？养我不是你的目标？""你死了谁养我""你要做的就是无条件赚钱"等话。

案例三：

2020 年 8 月 5 日，一个"深漂"女孩从公寓坠楼身亡，勘验现场的初步结论排除他杀。跳楼身亡后，警方从她的手机里翻出几条男友发给她的信息，"再见到你，我杀了你""你自己死掉可以吗"。然而，面对女孩父母的"讨要说法"，该男子坚持认为自己对女孩的死不存在任何过错。女孩的父母痛不欲生，一纸诉状将他告到了法院。这些侮辱性、损害性的言辞对于任何人来说都意味着伤害，何况作为情侣。如果一段关系中，一个人对另一个人有这样的言语侮辱与伤害，就要警惕是不是被PUA了。

案例四：

某公司高管刘先生在公司年会聚餐时遭到职场暴力，被公司上司两次用烟头烫伤脸颊，并受到言语挑衅，"疼就对了，这样你才能长点儿记性。"后来，在网络发酵的情况下，涉事公司回应称，当事人已被免职并通报批评。当地警方也表示，正在进一步调查此事。虽然只是极端个例，但从这起事件中，我们依然能窥探出当前职场霸凌中的一些共性。一是精神控制，即"职场PUA"。在职场霸凌中，无论施暴者最后是否有暴力或过激行为，他们大都是从精神打压开始的。

以上这几个走进公众视野的案例，虽然只是个例，但却不得不让人思考，不良PUA导致的情感操纵和精神打压是一种犯罪。尤其以"拍裸照发网上"这种手段来威胁当事人的，涉嫌犯罪；未经许可上传女性的照片、职业、家庭等个人信息用于炫耀，涉嫌侵犯他人隐私权；将女性的生活照片、视频等以盈利为目的写成"教程"售卖获利，涉嫌侵犯他人肖像权；不良PUA行业研发大量行话、术语甚至兜售迷药，使女性在不知道、不能够或者不敢反抗的情况下被诱惑或强行发生性关系，涉嫌性侵、强奸；PUA主打的"榨取技术、逆向合理化、夸大错误、推拉"等技巧，对同居伴侣进行身体、精神、性及经济方面的侵害，与反家暴法精神相违背；一些 PUA 课程大肆传播"多重后宫关系""把女人当狗训练""鼓励引诱吸毒卖淫嫖娼"等严重违背公序良俗言论，搅乱社会秩序。

所以，正确看待 PUA，保护自己的同时也有着积极的维护社会安全意义。

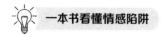

PUA涉及的相关法律问题

如今，人格权已在民法典中独立成编，为我们反击霸凌提供了更有力的法律武器。

在恋爱期间，PUA者可能在PUA过程中实施很多违法行为，这些行为是否构成犯罪，还需要具体问题具体分析。但一般情况下，可能会构成民法典侵权编规定的侵权行为，需承担民事责任；也可能会违反治安管理处罚法，需承担相应的行政处罚责任；更有甚者可能会构成侮辱罪、诽谤罪、诈骗罪、强奸罪、非法拘禁罪、故意杀人罪等人身、财产性质的犯罪，需承担相应的刑事责任。

比如，如果一方对另一方存在言语侮辱、行为打压的情况：会触犯治安管理处罚法，被处拘留或者罚款。情节严重的，例如造成被诽谤人自杀、精神失常、失去生活工作能力、神情恍惚而发生意外事故等后果，构成侮辱罪、诽谤罪。需要注意的是，在我国，侮辱罪和诽谤罪是亲告罪，受害人或者其家属可以直接向法院起诉，要求行为人承担刑事责任，如果受害人或者其家属提供证据有困难的，人民法院可以要求公安机关提供协助。

刑法第二百四十六条第一款规定，以暴力或者其他方法公然侮辱他人或者捏造事实诽谤他人，情节严重的，处三年以下有期徒刑、拘役、管制或者剥夺政治权利。

如果一方将另一方的聊天记录截图、私生活信息在网上曝光：可能会触犯治安管理处罚法，被处拘留或者罚款。但此类行为主要涉及的是民事责任，根据民法典第一百一十条第一款规定，自然人享有生命权、身体权、健康权、姓名权、肖像权、名誉权、荣誉权、隐私权、婚姻自主权等权利。此类行为涉嫌侵犯受害人的肖像权、名誉权、隐私权，受害人可以起诉要求对方承担赔礼道歉、赔偿损失等民事责任。如果聊天记录截图、私生活信息中存在淫秽信息，也可能涉嫌传播淫秽物品罪。

如果一方将另一方视为"玩物"，殴打、辱骂甚至在身体上留下"烙印"，摧残另一方的自尊心、羞耻心，如果受害者构成轻伤，则可能构成故意伤害罪。这里要注意的是，如果是一方提出要求，另一方主动在身体上留下"烙印"作为标记，从法律上来说，要求的一方仍有可能构成间接故意下的故意伤害罪。

刑法第二百三十四条规定，故意伤害他人身体的，处三年以下有期徒刑、拘役或者管制。致人重伤的，处三年以上十年以下有期徒刑；致人死亡或者以特别残忍手段致人重伤造成严重残疾的，处十年以上有期徒刑、无期徒刑或者死刑。

如果一方以恋爱为由，骗取另一方的钱财：如果确有证据证明、体现行为人在恋爱之初就具有非法占有对方财产的目的，在具体"恋爱"过程中，用虚构事实或者隐瞒真相的方法，大量骗取对方"赠与""借款"，或者用其他形式获取对方财物，且没有任何归还表现，或者部分归还是为了骗取更多的钱财，骗取数额较大的，即达到三千元至一万元以上，涉嫌构成诈骗罪。如果情节轻微或者事后归还弥补，可能只触犯治安管理处罚法，会被处以相应的罚款和拘留。

治安管理处罚法第四十九条规定，盗窃、诈骗、哄抢、抢夺、敲诈勒索或者故意损毁公私财物的，处五日以上十日以下拘留，可以并处五百元以下罚款；情节较重的，处十日以上十五日以下拘留，可以并处一千元以下罚款。

如果一方人身控制另一方：如果达到限制对方人身自由的程度，触犯治安管理处罚法规定，受害人通过报警，可以追究对方的行政责任。如果情节严重，涉嫌构成非法拘禁罪。

刑法第二百三十八条第一款规定，非法拘禁他人或者以其他方法非法剥夺他人人身自由的，处三年以下有期徒刑、拘役、管制或者剥夺政治权利。具有殴打、侮辱情节的，从重处罚。

如果故意学习违法违规 PUA 教程，并教授学员按照方法达到骗财等目的：一方面，可能构成学员所犯罪名的教唆犯，如果被教授的学员构成此前所述的任何一种犯罪行为，那么教授者属于教唆他人犯罪，构成共同犯罪。另一方面，可能构成传授犯罪方法罪。传授犯罪方法具体是指以语言、文字、动作或者其他方式方法将实施犯罪的具体经验、技能传授给他人的行为。

如果情节较为轻微、不构成犯罪，网络安全法第六十七条第一款也有规定，违反本法第四十六条规定，设立用于实施违法犯罪活动的网站、通信群组，或者利用网络发布涉及实施违法犯罪活动的信息，尚不构成犯罪的，由公安机关处五日以下拘留，可以并处一万元以上十万元以下罚款；情节较重的，处五日以上十五日以下拘留，可以并处五万元以上五十万元以下罚款。关闭用于实施违法犯罪活动的网站、通信群组。

如果一方教唆另一方自杀：教唆自杀是指行为人故意采取引诱、怂恿、欺骗等方法，使他人产生自杀意图。如果教唆他人自杀且引起他人自杀时，教唆者具有救助义务（先前行为引起的义务），不救助的教唆者涉嫌不作为的故意杀人罪。

受害者如何用法律保护自己？

当受害者出现被 PUA 情形时，受害者自身或者亲戚、朋友应第一时间保存相应的证据材料，比如手机聊天记录、录音、录像证据等，固定相关的证人证言。

如果受害者遭到人身损害或财产损失，应第一时间报警。如果遭到人身损害却未能在第一时间报警的，应尽快前往医院或医疗鉴定机构，获取医疗记录或鉴定报告，为后续维权做好准备。

值得提示的是，PUA 受害者常常深陷其中，未必能清醒脱身，所以这就需要自己能够提高警惕，对侵害自己合法权益的行为敢于说"不"，及时向亲属或朋友寻求帮助，善用法律武器保护自己。受害者或其家属可以通过向公安报警、向法院民事起诉或者刑事自诉，来追究行为人的刑事责任、行政责任、民事责任。

II
情感操纵
有哪些表现

解读"煤气灯效应"

1938 年，有一部叫《煤气灯下》的舞台剧，这部舞台剧极具心理意义，于是在 1940 年和 1944 年分别被翻拍成了同名电影。电影主要讲述了少女宝拉因为姑妈意外身亡而继承了一大笔财产，青年安东为了谋取宝拉的遗产，先是向宝拉求爱确定关系，其后用尽各种方法企图把宝拉逼疯：

宝拉对所有的仆人说"宝拉生病了"，而且暗示宝拉是精神有问题；

安东故意交给宝拉一些小东西，让她"收好"，但不久他又偷偷将这些东西再藏起来，然后质问宝拉它们去了哪里；

安东将家中的煤气灯调得忽明忽暗，让宝拉以为自己出现了幻觉。

最终，安东将宝拉送进精神病院，获得宝拉的巨额财产。

在心理学上，煤气灯效应又叫认知否定，实际上是一种通过扭曲受害者眼中的真实，而进行的心理操纵，也就是现在流行的 PUA。

比如，父母、爱人、上司、朋友，这些朝夕相处、亲密无间的人都可能成为操纵者。对于是否被操纵，判别方法很简单，就是从你的感受出发，是否感受到压抑，变得不相信自己，什么事情都要依附他人。当一个人没有强大的内心，没有一定的经济能力和自我认知能力，过于富有同情心时，他就很容易被自己所依附的人操纵。尤其是一个人从小到大遵从的听话教育，更导致了这种煤气灯效应的出现。

煤气灯操纵者有几种类型，不单单只有威胁型，还有好人型，魅力型。后面两个披着为你好的外衣，其实更加危险，因为你会变得更自责。比如电视剧《隐秘的角落》里，周春红对待儿子朱朝阳，就是非常典型的"煤气灯操纵"。

周春红让朱朝阳喝牛奶，朱朝阳不想喝，说很烫，周春红直接否认了儿子，"有那么烫吗？"

朱朝阳辩解了几句，看说服不了妈妈，只好把牛奶喝下去。

这样的事情重复几次后，朱朝阳已经放弃抵抗，不管牛奶有多烫，他都会喝下去。对于他来说，喝牛奶已经从一种温馨的关怀，变成了任务。

看到这里，或许你会说，这些操纵者真的太可恶了。但心理学专家罗宾·斯特恩有不一样的看法。她认为，煤气灯效应的实质，其实是"煤气灯探戈"，也就是被操纵者是在和操纵者"共舞"。这并非一种"受害者有罪论"。事实上对于被操纵者来说，认识到自己也有责任，反而有助于他们脱离。也就是说，如果你不配合对方，是不会被对方操纵的。

可见，这种关系需要两个人同时参与。情感操纵者促使被操纵者怀疑自己的认知，但被操纵者也为此积极地创造了条件，比如，对对方的爱和认可的期许而产生的顺从。

要想摆脱这种被操纵的局面，不是改变别人，而是要改变自己。从这种关系中先找回自我，勇敢脱离，这需要强大的内心和理性。每个人都或多或少都有过煤气灯效应的时候，如果不会去操纵别人，可能也会被别人操纵。

乐观一点儿去看，这意味着，被操纵者自己掌握着心灵监狱的钥匙，完全可以自己改变这种局面。

在《圆桌派》节目中作家蒋方舟说："我们爱一个人就是把伤害自己的权利交给对方，有很多人得到这个权利之后，就会可着劲儿地去伤害我们。"在我接触的一些情感上有问题的客户中，她们最明显的特征就是自己在情感关系中自身存在弱点，对施暴的一方心存幻想，觉得对方"对自己很好，所以才会控制"，这就是一种错误的思路和观念。要想彻底摆脱被操纵，就要想想自己有没有表现出被操纵的特质。

为什么被操纵者很难脱身

对于情感操纵的问题有很多人在讨论，不止一个人这样问：明知道对方控制自己，为什么还不离开？也有很多人持受害者有罪论："一个巴掌拍不响""她自己也不是什么好人""为什么别人不受伤，偏偏是她""可怜之人必有可恨之处"……

这就给我们提出一个很实际的问题：为什么被操纵者很难脱身？不是她们不想，而是种种原因导致她们选择了伤害自己。在多数被情感操纵的案例中，操纵者会不断给对方灌输一种思想："我之所以打压你、欺辱你，是因为你有问题，你对不起我，你惹怒我"，完全把责任推给了被操纵的一方，以此来减弱被操纵者的认识与信心，认为是自己有问题，所以别人怎么对待"我"都是正确的，一旦有了这样的思维，不是无法脱身，而是根本不会想到去脱身。比如，在北大女生的案例中，她迟迟不能摆脱畸形关系的一个重要原因，是施暴者密不透风的掌控。虽然多次想分手、想逃跑、想找朋友帮忙，可在施暴者的拍裸照、要自杀的威胁下都没能成功。

在我们看来，真正的情感一定不是畸形的，本书在带领女性成长，不但能够系统地提升女性的个人魅力、修炼情商，更主要的是改变女性的情感观念，让她们习得一种正向、健康的思维，真正由内而外变得强大起来，彻底抵御被 PUA 的风险。

精神控制是不良情感勒索和虐待关系的核心，而语言暴力和打压只是表象。于是有人把被后果归因于发展得越来越荒唐的 PUA 技巧，评论为"带着猎奇的视角，忽略了事情的本质"。毕竟很多控制欲强的人，可能连 PUA 是什么都不知道，他们的偏执更像是一种自然流露出的、极度扭曲的"理所当然"。

很多被操纵者不离开，并非不想离开，而是陷在泥沼里，脱不开身，其原因可能有：

一、生存的大环境下所塑造的无价值感。如果一个人从小在家被父母灌输听父母的话、懂事会做家务，长大了被学校灌输要听老师的话、守纪律，走上社会被灌输听上司的话，努力完成工作，那么在这种大环境下就会把一个人塑造成一个"讨好型"的人，处处听话照做，不敢反抗，努力顺应别人成为一个"好孩子"。这些人常常听到的言论是"连家务都做不好，哪个男人能看得上你？""你这么不节俭，将来婆婆和老公能高兴？""你谈了这么多恋爱，以后男的会不在意？""你这点小事都做不好，还有脸提工资？""你这种工作状态，我请你来是干什么吃的？""女人就应该结婚生孩子，不然老了谁管你？""爱一个男人就该给他生个孩子"……这些教育给人形成的思维定式就是女人要温柔、贤惠，男人要听话、服从。如果做不到这些就会心里有内疚，而内疚感是一种特别摧毁人的情绪，因为内疚就会觉得对不起别人，因为内疚就会把别人的错误算在自己头上。很多被操纵的人都有强烈的内疚感，觉得自己犯了很大的过错。

比如，选择轻生的人，他们的遗言往往是"我没用，配不上你""我没有达到你的标准，所以成全你"。虽然知道被操纵、被打压、被侮辱的感觉不舒服，但是，会感觉对方在减轻自己的内疚，自己不但不会觉得对方不好，反而觉得自己就应该受到这样的惩罚。有些被操纵者离不开施暴者，就是因为有非常强烈的内疚感。

一个人的内疚感是怎么来的？一个本该我们做的事情，我们不想做，永远都做不好，等到发现自己做不好，那么内疚感就来了。还有一种更加夸大内疚的感受，有些人甚至会说"都是因为你，我的人生就毁了！""不是因为遇到你，我怎么可能过成这个样子""不是因为你不会做家务，我怎么可能在工作上分心""不是因为生了你，我早就离婚了"……当这些言论不断打压一个人的时候，这个人的内疚感就会越来越强烈，导致最后被别人施暴，也不会觉得是别人的错，而是因为自己先做了不好的事情，会把责任揽在自己头上而无法自救。

二、对一段感情的盲目。很多情感操纵都属于畸形感情，而产生这种不正常感情的前提是大部分对爱情的本质不清楚不了解，抱有不切实际的幻想，他们以为轰轰烈烈的是爱情，嫉妒是为因为爱，打压是因为在乎。比如，很多施暴者会说"我这么说是为你好""我在意你的第一次是因为太爱你"，人一旦对感情盲目就会出现"当局者迷"的状态，会看不清对方的真正意图，以为就是因为爱才产生的嫉妒和责备。

三、不甘心的固执在作祟。被操纵者被打压和精神控制以后，有一种我偏要让你认可我的固执，最初是操纵者启动了自己的心魔想要控制对方，接着是被操纵者自己的心魔也跟着启动：他是我最重要的人，他一定要欣赏我。如果他觉得我又蠢又笨，那我活着还有什么意义呢？于是，被操纵者也开始变得固执，像操纵者一样坚持自己的意见。与此同时，被操纵者把操纵者理想化了，极其渴望得到他的认同，尽管被操纵者自己都没有意识到这一点。如果被操纵者有哪怕只是一丁点"我仅靠自己肯定不够好"的想法和"需要对方的爱或肯定，自己才能完整"的感觉，就容易遭遇情感操纵。操纵者会利用被操纵者的脆弱，让对方一而再、再而三地怀疑自己，从而陷进死循环里。

四、习惯成自然不再想抗争。当一个人开启了自我否定模式，觉得自己就是对方形容的那样不堪，那么 TA 就会出现一种状态，觉得自己不行，觉得自己不配，有了一种彻头彻尾的无价值感，开始从默默忍受变成了习惯，不会有任何想逃离的念头，一条道走到了黑。

施虐型人格的特征分析

　　施虐型人格属于精神病范畴，《精神医学名词》对施虐型人格的特征是这样界定的：施虐型人格障碍具有性卑劣感，内向、孤僻、胆怯、羞耻心强，常在自尊心受到伤害时产生暴力行为的一种人格障碍。

　　当人们对 PUA 津津乐道的时候，往往会把这种情感操纵者定义为"精神操纵术""摄心艺术家"，认为他们都是经过专业的学习掌握了 PUA 流程和方法，成了专业的骗子。事实上，经过专业培训的人毕竟不多，这类人大多没有大本事赚钱，就想靠感情诈骗，骗色骗财。又或者是自己的情感受到打击后产生的创伤应激心理，然后开始学习 PUA 想要报复他人。所以生活中有不少实施情感虐待的人，他们并没有特意学过 PUA 套路，而是在生活中无意识地展开了 PUA，这些人我们可以称他们为：有"施虐型人格障碍"的人。

　　因为 PUA 的本质就是控制别人，让对方心甘情愿地为自己付出所有，TA 们对付出者不但不会感激，还会这样想："你的付出是应该的，因为你很差，我本来有更好的选择，因为遇到了差的人，我才降低了标准选择了你，所以你应该更努力地改变自己并为我付出来维持这份感情。"

施虐型人格障碍作为精神疾病的一种无法通过身体检查来界定，所以大部分有 PUA 情感控制的人在大众的眼中属于"正常人"，即使有些人知道自己心理和精神方面不太正常，也不会去治疗，只会归因于性格。

施虐型人格的人在追求个人目标上有一些冷酷无情，更突出了对他人的权利和需求的无视，同时具有自恋者的大部分特征并且自负又自私，他们的需要、目的、计划等都是首要的，任何人和事都不应阻碍他们实现目标。他们认为生活就是一场战争，人们各自为战，成王败寇就是结局。他们的价值观建立在丛林哲学基础上，认为强权就是真理，在人生路上没有慈悲和宽容。人对人就是狼：碰到了羊群，尽管捕杀；碰到了狮子，那就逃跑。逃跑是为了下一次的战斗。在他们看来，冷酷无情就是力量，因为不会被伪善欺骗；不考虑别人就是诚实，因为人不为己，天诛地灭；不择手段追求目标就是现实，因为适者才能生存。因为这样，他们潜意识中会拒绝人性温柔的一面，会厌恶别人深情的举动，会鄙视不合时宜的同情。比如说有一个人确实很可怜，很需要帮助，向他求助时，他不但不会施以援手，反而会把求助者骂走。因为帮助弱者会勾起他们的柔情，这会影响到他们的战斗力。

所以，要想正确了解情感操纵者为什么会实施对别人的操纵，就要明白施虐者的人格和心理特质：

1.情感施虐的人往往有想要奴役他人的心理需求，在日常生活中，此人格的人为了融入社会，一般会伪装，会刻意表现出自己相反的特质，让人觉得易相处，所以情感操纵者最开始往往是通过伪装和刻意表现来吸引目标的。

2. 情感施虐的人会以自己的意愿或需要来塑造和培养受虐者。他们会按照自己的需求去"驯化"。驯化的目的是实施肆虐，在驯化别人的过程中，情感施虐的人往往意识不到自己很享受这种过程，并且不断暗示并催眠受虐者，使其降低自己的价值感，感到自卑，并认为施虐者对自己已经十分包容了。

3. 情感操纵者会通过占有和贬低伴侣，孤立伴侣，更有效地实施自己的控制策略。当伴侣对施虐者的依赖足够高后，施虐者还可能以离开对方作为威胁手段。享受对方"跪舔"自己、求自己的感觉，这时候就有了"我是主人，你是一个奴隶，想要跟着我，就得求我"的优越感。

4. 情感操纵者有一个重要的特点是自私，把被操纵者当成自己利用的工具，并不会真正爱对方，会有无穷无尽的理由让自己感受到不公平的对待，继而理直气壮地提出更多的要求。在 TA 的心里，可能真的感觉自己很委屈，并没有得到应得的东西，这就是无意识，受虐者也因此感觉到了内疚与不安，想通过达到施虐者提出的要求以慰藉 TA "受伤的心灵"。

5. 情感操纵者有一个最大的"天赋"就是发现他人的缺点。他们会敏锐地找出别人的缺点攻击，又表现出自己对这种"缺点"的接纳，这种行为被施虐者合理化为"坦诚相待、乐于助人"。受虐者对自己的评价会越来越低，最后感觉自己"毫无价值"，除了施虐者，没有人能容忍自己的各种缺点。

看完这些心理特质，我们便不难理解为什么有些人自带 PUA 特质，他们多数是潜在的施虐型人格者。但在此，千万不要想着因为爱对方，就想帮助对方解决人格障碍！要知道，人格障碍的治疗是精神疾病医生的工作，即使有医生治疗，也是很难解决的！对于这种自带 PUA 特质的人，请知道，TA 不是真的爱你，如果真的爱你，即使 TA 有人格障碍，也不会去伤害你，任何有伤害的关系，都不是真爱！

善于运用 PUA "巫术" 的人，他们从来不会思索着怎样完善自己的人格、提升自己的能力以及遇到挫折时反思自己，相反地，他们会以践踏别人的尊严来转移自身的缺陷，为避免自己成为众矢之的而选择将鞭子抽向他人。

哪些人容易成为操纵者？

因情感操纵导致的后果可能是悲惨的，被操纵者很容易迷失自我，甚至走向极端，放弃生命。所以，对于操纵最好的是预防，提前了解操纵型人格常见的特点与风格，在感受到不舒服时，要及时喊"停"，以到防患于未然。

那么，哪些人容易成为情感操纵者呢？

1. 马基雅维利亚人格特征的人。马基雅维利主义，即个体利用他人达成个人目标的一种行为倾向。该术语包含两层含义：第一层含义是指任何适应性的社会行为，根据生物进化论自然选择总是偏爱成功操纵他人行为的个体，这种不断进化以适应社会互动的能力是不考虑互动是合作性的还是剥削性的；第二层含义就是特指非合作的剥削性行为，其含义源自管理和领导力的"黑暗面"。由于这类人的核心价值观是"为达目的，可以利用一切手段"，因而时常会采取剥削、欺瞒等方式，对他人进行控制与压迫。一旦发现这类型人格特征的人，尽量远离，这样就会避免陷入被情感控制的状态里。

2. 具有表演型人格障碍的人。表演型人格障碍是一种以过分感情用事或夸张的言行以吸引他人的注意力为主要特点的人格障碍。具有表演型人格障碍的人在行为举止上常带有挑逗性并且他们十分关注自己的外表。他们常以自我表演，过分的做作和夸张的行为引人注意，暗示性和依赖性特别强，自我放任，不为他人考虑，表现高度自我中心，这类人情绪外露，表情丰富，喜怒哀乐皆形于色，矫揉造作，易发脾气，喜欢别人同情和怜悯，情绪多变且易受暗示，极端情绪化，易激动。思维肤浅，不习惯于逻辑思维，言语举止和行为显得天真幼稚。比如，他们可能会以"情绪突然爆发"的方式来逼他人妥协，实现自己的目的。

3. 具有被动攻击型人格特征的人。美国心理协会出版的《精神疾病诊断手册》中对这种人格障碍有这样的描述："这样的行为通常传达的是'个人不敢于公开表达的敌意'。通常情况下，拥有被动型攻击人格的人，会在与另一个人（或团体）的关系中变得依赖性过强，又因为无法从关系中得到精神上的满足，从而通过被动型攻击行为来表达对于关系的不满。"通常来说，他们会在受到不公平待遇时，以发牢骚、生闷气、向周围人抱怨等方式来表达自己的不满，而非直截了当地提出自己的诉求。

4. 具有自恋型人格障碍的人。自恋型人格障碍的基本特征是对自我价值感的夸大。自相矛盾的是，在这种自大之下，自恋者往往长期体验着一种脆弱的低自尊，只是由于自恋者的自大总是无处不在，使我们更倾向于将其非人化看待。在实际中，他们稍不如意，就会体会到自我无价值感。他们幻想自己很有成就，自己拥有权力、聪明和美貌，遇到比他们更成功的人就产生强烈嫉妒心。他们的自尊很脆弱，过分关心别人的评价，要求别人持续的注意和赞美；对批评则感到内心的愤怒和羞辱，但外表以冷淡和无动于衷的反应来掩饰。他们不能理解别人的细微感情，缺乏将心比心的共感性，因此人际关系常出现问题。这种人常有特权感，期望自己能够得到特殊的待遇，其友谊多是从利益出发的。这类人的典型特征便是会夸大自己的重要性，因而认为自己理应得到特殊对待，或是其他人应该主动符合自己的要求；他们只考虑自己的感受，对别人缺乏同情和共情的能力。

5. 具有边缘型人格障碍的人。边缘型人格障碍是人格障碍当中的一种，核心的一个症状表现是会表现出情绪不稳定，会有冲动，然后激动，过度地激动、失控，表现为对自己的失控，比如会伤害自己，会刺自己，对关系的失控，他在自我的发展上就是迷失的，多数边缘型人格障碍的人，他不知道自己是什么样的人，他对关系有过度需求，要不然就是对关系的稳定性，对关系的恐惧感，是比较核心的心理过程，非常害怕被别人抛弃，常常变得非常敏感。他们即便有一些不错的经历，但是对自己、对他人的认知由于会迅速发生改变，因此一旦觉得伴侣对自己的关心不够或是不能够理解自己的需求，便会迅速产生失望的情绪，这样的态度可能会转瞬变为贬低与鄙夷，让 Ta 周围人失去平衡感，从而很容易被操纵。

6. 具有高压力人格障碍的人。高压力下人格障碍的人也被称为"匆忙症"，他们计划性强、目标性极强，办事效率高。世界在他们眼中，就一个字，慢。他们风风火火，雷厉风行，天天对周围人"催催催"。他们会关注如何用更少的时间来完成更多的事情，然后又因为力所不能及而暴跳如雷。易怒、充满控制欲是高压力下人格障碍的常见操纵手段，他们的出现通常会让周围人感到压力与焦虑。

7. **具有反社会人格障碍的人。**在精神卫生领域，专业人士把那些缺乏良知或是毫无良知的状况称为"反社会人格障碍"，也称为"反社会人格"或"精神病态"，并称其为一种无法矫正的性格缺陷。研究指出，大约有4%的人属于这一情况，也就是说平均每25人之中便可能有1人具有反社会人格。有反社会人格障碍的人，终其一生都会实行不负责任的行为模式，并且毫不关心他人的权利、社会规范、良心或是法律。他们缺乏情感交流的能力，无法与他人产生联结和依附关系，从而对社会规范忽视和漠视，当他们具有自我一套完整的关于人或社会的看法时，便不再被社会规范所约束，反而可能对其进行有意识的破坏。由于他们缺乏道德底线，因而是操纵者中最可怕的一类。

8. **具有偏执型人格障碍的人。**偏执型人格障碍也称为妄想症，患者会发展出一系列偏执的思维方式，来缓解应对压力。例如，对自我的极端高标准。久而久之，他们会把期待中高标准的自我（理想化自我）当成是真实的自我，而真实的自我反而被抑制。于是理想化自我和真实自我的某些缺陷之间便构成了尖锐的矛盾。正是这种内在的冲突导致他们过度无端猜疑的性格，并外化为敌视、愤怒、反击、控制等行为。

以上这些人可以说都是人格不健康的人，但在生活中不少人或多或少都存在这样的状态，一旦遇上这样的人就会有潜在的被情感操纵的风险，一旦被缠上那就更会苦不堪言，所以要能够尽早识别这些人，一旦发现自己周围有人采取了这些方式来与你沟通，便要尽早远离，免得深受其害。

操纵者的典型操纵手段

情感操纵者有很多手段对被操纵者进行实施，这些不是单一的一种手段，而是多种手段一起进行，所以有必要分析一下具体有哪些手段值得我们警惕和防范。

第一种：我不开心也不让你开心。心理不太健康的人，往往很难找到快乐，而他不快乐的同时也见不得别人快乐，如果别人很开心快乐，他认为这是对他的背叛，所以会制造各种不愉快，让你同他一起不开心。比如，TA 在莫名其妙生气的时候，他会对身边最亲密的人各种不满和挑剔，你听听音乐，他嫌吵，说你不体谅别人的感受；你跟别人通个电话，TA 会发出各种噪声故意影响你，你放下电话问他的时候，他会数落你不关心他，只知道煲电话粥。你做了平时他喜欢吃的饭，他也会以菜咸了或菜淡了来找毛病，言语里都带着轻蔑，会说你连一点点儿小事都做不好，总惹他不开心。事实上，这类人是他本身心理有问题，却埋怨别人不让他快乐，背后真实的意图是自己不快乐也不想让别人快乐。遇到这样的人，往往被操纵者渐渐会以对方的"开心"或"不开心"来做事，经常会想"我做这件事他会不会不开心"，从而会改变自己的正常生活程序去讨好他们，如果知道他们是因为什么生气，更会为了自己的日子好过些，而去替他们解决本来应该由他们解决的问题。比如说，自己本来计划好要出去玩，却因为害怕感情操纵者发作而作罢。本来想做些自己喜欢吃的菜，却因为感情操纵者生气了，所以改变主意做他喜欢吃的菜而讨好他。本来想要看电视剧，但却为了要讨好他，让他赶快高兴起来，而陪他一起看自己并不喜欢的电视剧。这些看似生活中平平常常的"在意"与"迁就"，时间一长就会出现情感问题，你会不断地替他解决问题，被他的情绪左右，不断地担心自己哪里又做错了，直到有一天你发现自己不是在为自己而活着，而是在为感情操纵者的喜怒哀乐而活着，他的一颦一笑左右了你的行为，那个时候，你们关系就不再是健康的感情，而是病态的"依赖"了。

对于这样的操纵手段，最好不要因为他不开心就让自己也不开心，更不要因为对方的脾气和无理取闹去迁就和哄他，本质上，感情操纵者是被训练出来的。他们在跟人相处的时候，会不由自主地运用能够给自己带来最大效益的处事手法。如果他这次发作成功地让你改变了，他下次就会变本加厉。不要让他得逞！不要让他破坏你的心情。让他学会为自己的行为负责，让他学会用健康的途径跟你交流。

第二种：永远和你比惨。情感操纵者往往不具备体谅别人、宽容别人的能力和心胸，他们会以自私的一面来处理关系和问题，他们总觉得自己才是那个更需要被关心、被体谅的人。所以，当你跟他说自己不舒服的时候，他会说"你那算什么，我比你难受多了"。不管你跟他们讲什么，他们最后总会扯到自己身上。最典型的关键词则是："你那点儿小伤小痛算什么啊？我可是……我不也撑下来了吗？"表面是给你鼓劲，表示同情，实际上是想让你同情他的遭遇。对于这样的人，不要给他诉苦的机会，他开始说自己，你就要直接打断说："我们不是在说你，而是在说我的事情。"这种时候，他一般会有两种反应：一是让你继续说，但是对谈话失去兴趣。二是指责你自我中心，不关心他。无论如何，你在这个问题上是不会占上风的。所以，最好的办法是，不要去找他求助。他只关心自己，你去找他也没用。

第三种：所有的错都是你的错。情感操纵者所表现出来的就是把责任推给别人，然后再以此为借口打压你。无论是他错还是你错，在他们眼里终究都是你错。比如"我之所以那么说你，还不是因为你先做了对不起我的事""我那天确实发火了，还不是因为你成心气我""我对你不信任，私自查看你的信件，完全是因为我的前男／女友背叛我，我从此不再相信任何人""我现在压力这么大，你怎么都不知道支持我一下，就知道跟我吵，挑我的错！你这个人真是太自私了！"无论说什么事，总之都是别人的错，怎么说都不是他们的错。他们会有各种各样的借口激起你的同情心，让你去同情他、拯救他、照顾他。他们从来不会为自己的行为负责，这就是典型的情感操纵案例中，操纵者会称被操纵者为"妈妈"，因为这是一种变相地让你承担他、照顾他的心理。每次你指出他做错了什么，他总会想个办法，让你为了他的行为负责。久而久之，你会习惯他的怨天尤人，习惯性地为他负责，习惯性地照顾他度过一次次"危机"。跟他在一起，你会觉得筋疲力尽，根本无暇照顾自己的人生和需求。遇到这样的人，不要落入他的陷阱，要直接指出他的错，也许对方会恼羞成怒地发脾气说狠话，但也不要屈服，要敢于跟他争辩，让他知道不能把所有的错误和责任推给你。

第四种：各种折损和贬低。情感操纵者最常用的手段就是通过贬损对方从而打压对方的自尊和自信，最后达到自己能够控制的目的。他们常说的就是"你看你，皮肤那么差，身材还不行""我都说了你要减肥，自己不觉得难看，我都看不下去""你一个专科生懂什么，能插上嘴吗？"如果你听到这里会生气的话，他们立刻会说"你真不禁逗，开个玩笑都生气"。男女朋友之间，有时候会有那种"损友"，互相折损，以此为乐，更表示关系密切，说话百无禁忌。也正是因为有这样的关系存在，那些"开玩笑"的感情操纵者有了可乘之机。他们的目的是打击女友的自尊心。人的大脑会无选择地相信它听到的最多的话。如果一个人老是在你身边说你胖，你傻，你不会穿衣服，你配不上他……久而久之，你会觉得像自己这样一无是处的人能被他看上，简直是天大的运气。

贬低的方式有很多种，有的是贬低你的长处，有的是攻击你的短处。如果你在某一件事上没做好，TA就骂你蠢，骂你没脑子。此外，TA还可能会在公开场合大声地批评和贬低你，伤害你的自尊。这一切都是有意为之的，时间久了，你就会觉得自己真的不够好，就会慢慢地丧失自我，任由TA来摆布。

有一位女性想考一个职业资格证，但是她的男朋友总会说："我是支持你的，但也很担心你，你平时脑子就不灵光，而且做事有始无终，你能行吗？"这些话不但私底下说，遇到其他朋友在场的时候也拿出来说："她说想考职业资格证，你们说凭她这种脑子不是开玩笑吗？我们家这个小白痴就是这么爱做白日梦。"这种情况，对于女方来说，最难受的是基本上得不到支持。如果她们去向朋友诉苦，绝大多数的情况下，朋友会觉得她小题大做，自己跟自己过不去，想太多，心太重……这时候，她们会觉得自己彻底被孤立，本来没做错什么，大家却都觉得她不对。这也是损人高手想要达到的效果。遇到这样的人，最好是选择分手，因为习惯贬损别人的人能改好的机会很少，因为他们的目的并不是开玩笑，而是通过贬损你来抬高自己，他们的目的本身就不单纯，所以想改变他没有可能，时间一长往往会被这样的贬损改变了原本优秀的自己。

第五种：总说你对不起 TA。情感操纵者永远不允许别人犯错，并且会拿着这个"错误"为把柄，一次又一次地说"你对不起我"。人与人之间交往难免有说错话、做错事的时候，更不要说亲密关系，如果因为一次过错，就被人当成了把柄和小辫子揪住不放，那也活得太难受了。情感操纵者，他会小心翼翼地记下你做过的所有的错事，不管你是不是道过歉（尤其是你道过歉的事，因为证明你承认犯错），然后在下一次你们吵架的时候统统拿出来作为攻击你的武器。

一个事例：她和爱人从恋爱到结婚已经 10 年了，她永远记得老公曾经背着她给前女友搬了一次家，每次不管大事小事吵架，她总会把这件事拿出来说，即使吵架的内容和这根本没有关系。老公已经道过歉了，且后来再也没有和前女友有过任何交集。但还是要一次又一次地向她道歉，说自己多么多么内疚，伤害了她的感情。后来她婚内出轨了，老公问她为什么要背叛自己的感情的时候，她振振有词地说："你对不起我的事多了！你凭什么指责我？……你能给前女友搬家，谁知道你们之间是不是清白的。"然后开始一件一件历数老公的不对。最后老公觉得自己对不起她，要对她一辈子负责。遇到这样的人，如果自己的确有错而且也道过歉，就要明确和对方说清楚，以后不要总拿这件事来说事儿。做错了事，在所难免，但是如果你的男/女朋友不断翻旧账，让你觉得自己对不起对方，让你觉得自己很渺小，很卑微，那就赶快离开这种关系。否则你会越陷越深，最后就和事例中的老公一样，在内疚中无法自拔。

第六种：让你成为猜心思高手。有句话说得好，人的心如大海的针，深不可测。如果一个人总是让你猜他的心思，他还没说话你就知道他想表达什么，他一个眼神你就心领神会，那么这也是一种折磨。因为明人不说暗话，更不会总让别人猜心思。情感操纵者习惯用暗示的方法让对方意会，如果你会错了意就是不爱他，他就会用各种理由来说明你不爱他。这种情况往往女性出现的居多，女生天生敏感、心细，对一些事的反应比男生更强烈和细腻，如果她们对男生不明说而是处处暗示让猜心思，尤其是已经同居、订婚或者结婚以后还要用这种"暗示"的方法而不直说，甚至在你替她们做完事情，她们却又摆出一副"我又没求着你做"的姿态。比如，一个女性总暗示丈夫"某某开了什么样的车很酷""某某婆婆给儿媳买了什么"，或者跟老公讨论"如果我能选择，我会怎样"之类假想的话。如果丈夫问你是不是也想要这样的生活，她却说"我怎么能有这样的好命呢，你又不像人家的老公那么能挣钱""我又没有遇到这样好的婆婆"。暗示女王从来不会直接表达自己的要求。她们不想承担"我也需要这个"的责任。她们害怕别人知道她们也有欲求，她们都是独立不求人的。她们无所求，别人也就没办法掌握她们的"弱点"。她们的一生，都有人把她们需要的东西用托盘托着献给她们。她们觉得自己是公主，全世界的男人都应该了解她们需要的东西，都应该为她们提供这些东西。最后，当你终于搞清楚她们到底想要什么，并提供给她们的时候，她们大概会很高傲地看一眼说，"这还差不多"。遇到只会暗示和让你猜心思的人，就要直接跟对方说，说话不要绕着弯儿说，直接说明白会更可爱。如果对方无法接受，那么你也实在没必要把精力浪费在揣摩她的心思上。

第七种：监视和虐待。情感操纵者往往没有道德底线，TA 们不会有"侵犯别人隐私"的这种法律意识，TA 可以监视你的行踪，也可以查看你的手机、电脑和社交账号的动态信息。长此以往，你会变得越来越焦虑，甚至像惊弓之鸟一般，而这种担心在原来是不存在的。更有甚者，TA 们会实施暴力虐待，以此来摧毁对方的身体和意志。面对不合理的要求，如果你不顺从，TA 会用身体暴力的方式迫使你屈服。当然，一开始的时候，TA 不会这么露骨，而是用一种低强度的暴力来迷惑你。所谓的低强度暴力，就是用拍、打、抓、拉扯、推搡等方式来攻击你。这些小动作都会让你感到威胁，但因为没有明显的身体伤害，所以很多时候你也不确定这是不是虐待。等你慢慢适应了 TA 对你的这些虐待方式，并感到麻木时，更严重的暴力方式比如打耳光、脚踹就会在你身上上演。而这个时候，你可能已经连反抗的意识都没有了。

以上就是情感操纵者表现出来的典型手段，他们表象自恋，多以自我为中心，觉得自己比别人都强。内在却自卑，无法认同自己的价值，觉得自己一无是处，甚至没有存在的意义。这样的人，在试图和他人建立关系的时候，往往会不由自主地去操纵别人。只有在他人完全处于自己的掌控之下，他们才会觉得安全。感情操纵者最终的结果往往是找到一个他能够完全控制的伴侣，两个人开始新一轮的恶性循环：控制方在控制了别人之后，越发觉得自己不可爱，没有价值，只有通过控制别人才能让对方留在自己身边。被控制的一方则老是觉得自己怎么做也不够，怎么做也无法证明自己对伴侣的爱……所以，不要做一个操纵者，也不要落入操纵者的陷阱中。

什么样的人容易被情感操纵？

在《煤气灯效应》一书中，作者对情感操纵的观点是，操纵者与被操纵者像在跳一支探戈，说明操纵者之所以能够得逞，是因为他们找到了容易被操纵的人。所以，当我们学习什么是情感操纵的时候，要明白什么样的人容易被情感操纵。就像操纵者有一些特征，他们是双面人，会用温情的一面来掩盖自己自私与邪恶的目的。被操纵者也有一些特征，那就是既相信对方又想证明自己，从而把自己变成了配合别人来操纵自己的人。生活中有很多人会很轻易地被别人操纵，而且有的被人操纵甚至没有发觉。那么为什么有人这么容易被操纵呢？

第一，过度需要他人的认可。每个人都需要被赞扬和肯定，这本身并没有错。如果对别人的认可有十分强烈的需求，就会成为弱点。过分在意别人对自己的认可源于内在的缺陷感和无价值感。因为内在觉得自己不受欢迎，没有什么价值，才会寻求来自他人的肯定，为了能让别人喜欢和满意，就会选择顺从别人的期望，以至于忽视了自身的感受和真实需求。对这样的人而言，他们往往不敢对别人无限度地要求说"不"。从而表现出迁就、取悦与讨好他人，长此以往的后果是由于未考虑自己的基本需求而悄悄滋生出巨大的挫折感和憎恨感。这种隐藏的挫折感和憎恨感在无意识中为情感被控制打下了基础。在以往的情感操纵案例中，那些特别容易被操纵的类型，往往都是讨好型的人，也就是过度需要他人认可的人。这样的人，他会本能倾向于去为对方考虑，或者说比较去顾及对方感受。这种类型的人就是他们本能地喜欢为别人考虑，哪怕对方不提，他们也会考虑对方的感受。更何况擅长情感操纵的人，可能还会夸大自己的感受，那可能在这种情况下，讨好型就比较容易掉进圈套里面去。

过度需要他人认可的人会用一种错误的认知来解读别人的状态。比如，别人对我们不友好，在普通人或正常人的心里则认为，别人对我不友好，可能是由于一些与我自身无关的原因造成的，比如他遇到了挫折或处于疲劳状态。但需要别人认可的人典型态度往往是"如果有人对我不友好，那是因为我做错了什么""别人批评无非是为了强调我是多么无用这一事实"，而不去想"挑我毛病的人可能是我身上投射了他们不愿意承认的自身缺点"。他们的内心总在想"我觉得我很好，因此每个人都应该喜欢我"，而不去想"无论我好或不好，总会有一些人不喜欢我，这样才是正常的。"他们往往太需要别人的认可与赞扬，而没有学会相信自己、尊重自己。所以，这类人非常容易陷入被情感操纵的境地。

第二，过分害怕他人生气。人际交往中，时常有人说："害怕他（她）生气了。"然后，想说的话说不出来，想做的事不敢做。因为害怕对方生气而不知如何处置，只能将"难受"放在心底，日积月累，放在心里的"难受"就会堆积如山。终有一天，"难受"没地方放了，人也就被难受压垮了。害怕别人生气是一种心理障碍，是因为不敢承认和肯定自己，是一种不自信的讨好心理。害怕别人生气的潜在意识就是认为自己不够好，自己做的事情会给对方带去麻烦或痛苦，所以才会有过分在意别人的想法出现，看似是一种善良、为别人着想的状态，实际上是自己拿捏不准感情，找不到边界。一个有边界的人往往知道自己需要什么，与别人建立的关系正确的原则在哪里，即使冒犯了别人，也会找到根源，而不会把所有的错误归于自己身上。

第三，不计代价维持和平。生活中总有一类人为了面子做一些违背自己意愿的事情。比如，为了让生活和平、美满，即便爱人犯了错，也要尽量容忍；哪怕委屈自己，也要成全爱人的喜好……一切的一切，都只是为了要让自己的生活风平浪静，没有任何惊涛骇浪，平和又顺利，让人看不到任何裂缝和破碎的可能。这样的人往往内在严重缺乏安全感，以为通过维持表面的和平就能换来真正的安全感。就算对方犯了很大的错误，TA们还是会隐忍着委屈、痛苦、伤心，宁可牺牲自己的真实感受，也要尽力维持这种和平，即便内心对对方已经有所不满，觉得自己也是受尽了委屈，但每每考虑到大局，心软的TA们决定再一次妥协了，TA们总想着只要自己多付出一些、多牺牲一点，换来和平也是值得的吧，就算只是个假象，也心甘情愿地沉浸在虚假的幸福之中，至少能有片刻的安全感，让自己觉得踏实一些。但是，假和平永远是假的，如果不计代价地去维持和平，最终换来的可能是更加可怕的暴风骤雨。维持和平的人要的是一种假象繁荣，骨子里依然是怕别人看不起，不想让别人看到自己的不堪，因此宁愿欺骗自己。

第四，自我缺失。事实上，操纵者与被操纵的关系大都建立在彼此需要的基础上，如果你连自己在一段关系中的定位都不清楚，那么你已经是"自我缺失"人群中的一员了。没有自我的人也是缺乏自持力的人，这类人在关系的界限里没有能力自我满足。当自我的不成熟越来越严重时，必然会面临索取和索取不得后的矛盾与失衡。请记住，如果你希望摆脱他人的操纵，那么你就必须学会对自己负责，找回自我，使你们的关系变成相互支持而非相互需要。一段真正的感情就像舒婷《致橡树》写的那样：我如果爱你——绝不像攀援的凌霄花，借你的高枝炫耀自己；我如果爱你——绝不学痴情的鸟儿，为绿荫重复单调的歌曲；也不止像泉源，常年送来清凉的慰藉；也不止像险峰，增加你的高度，衬托你的威仪。甚至日光，甚至春雨。我必须是你近旁的一株木棉，作为树的形象和你站在一起。根，紧握在地下；叶，相触在云里。每一阵风过，我们都互相致意。

第五，寻觅关怀的傻白甜。人们常常形容不谙世事的人为傻白甜，这样的人被过度保护又没经历过外面的世界，甚至没谈过恋爱，活在爱情小说或韩剧的情境之中，相信人都是好人，没有吃过亏，对花言巧语没有抵抗力。有的人虽少小离家闯荡但内外资源有限，也容易受骗。人格不独立，本能具有对爱的渴求，需要被照顾也需要被认可。一旦遇到示好的异性，理性的屏障很快就会崩塌，飞蛾扑火一般对爱恋对象过度情感依赖。接连恋爱失败的女孩子都有这个特征，她们的情感很容易被恶意利用。

第六，共情力泛滥扮演拯救者。那些过多担负别人责任的人，往往是共情能力特别强，善于对别人产生同理，同时容易担负过多的责任，成为一个"母爱泛滥"型的人。这样的人总会试图用爱去感动那些劣迹斑斑、对自己不好的浪子，通过一再忍让、不断降低底线来维系亲密关系。这类拥有拯救者使命感和讨好型人格的人，成长过程中缺乏关爱，个人价值感较低，会莫名地同情哪怕是伤害自己的人，把对自己的悲悯投射到他人身上，通过关怀对方来体现自己的价值。

第七，强烈的负面情绪和正遭受打击。人生在世，经常会有低谷，在低谷中我们的心情很不好，夹杂着许多的负面情绪。一时半会儿没办法排解的负面情绪，笼罩着我们，也会被他人利用着。当一个人身上担负过多的负面情绪，比如愤怒、忧郁焦虑等，就很容易变得具有攻击性，容易与他人发生冲突和对立。这类人在操纵者眼中，是个很理想的目标。因为他们往往会使自己陷入孤立无援的境地，而这正是操纵者所希望看到的。因为当一个人与外部信息隔绝后，操纵者就能轻易地输入自己的理念，从而达到操纵他人的目的。请记住：学会舒缓自己的负面情绪，与外部环境保持一定的交流十分重要，这可以使你避免进入某种小集团中，被操纵者利用和控制。

第八，性格优柔寡断。那些被情感操纵的人往往是明知道自己处于一段非常不舒服的人际关系中，但很难挣脱，归根结底跟自己的优柔寡断的性格有关。对于这类人来说，对别人说"不"是件非常困难的事情。因为TA们会觉得对人说"不"会使自己充满罪恶感，TA们把说"不"等同于令人失望，操纵者最喜欢这类人，因为TA们习惯于妥协和让步。请记住：拒绝别人不合理的请求并不丢人，这正是你对自己负责任的表现。当然这也不是一朝一夕就能够改变的，如果实在说不出口，那就试试用巧妙地转换话题或者微笑地摇头表示拒绝，然后保持沉默。像我们已经讨论过的沉默的力量，这时我们就可以发挥"沉默的力量"，让我们在事情中逐渐掌握主动。

所以，那些想用情感操纵别人的人，他们不会去找精神独立，有自己的事做，坚定清醒的人，他们更愿意去找讨好型人格、自我缺失、过分在意别人，还有共情能力特别强的人，一骗一个准，这样的苦命人很容易PUA自己，会觉得自己是最差的，而这又恰恰会落入情感操纵者的圈套。

如何判断自己是否被操纵

　　每个人或多或少都会遭遇情感操纵，最初可能不自知，等到严重的时候已经无法摆脱，所以尽早发现自己被操纵，才能早发现早离开，不让这种畸形情感伤害自己。操纵者往往会通过打压或其他相反行为来控制你的情绪，以此达到精神控制的目的。如果你感觉自己已经陷入了"奇怪"的关系里，却又说不上来是哪里有问题，那么就要警惕自己是否被 PUA 了。

　　在《煤气灯效应》一书中，有一些报警信号，如果符合下列其中任何一项情况，请额外留意：

　　1. 你反复质疑自己。

　　2. 你每天数十次地问自己："我是不是太敏感了？"

　　3. 你经常在工作的时候感到困惑，甚至有些失去理智。

　　4. 你总在向父母、男友和领导道歉。

　　5. 你经常考虑自己是不是一个合格的女友、妻子、员工、朋友或女儿。

　　6. 你想不明白，为什么生活里有那么多精彩的事，你却总是不够开心。

7. 你给自己买衣服、给自己的公寓买家具，或者买其他的个人用品时，脑子里却一直考虑的是他喜欢什么，而不是自己喜欢什么。

8. 你经常在朋友和家人面前为伴侣找借口。

9. 你发现自己开始对朋友和家人隐瞒某些信息，这样你就不用再对他们解释，或者在他们面前找借口。

10. 你知道出了严重的问题，但你就是没办法表达清楚，甚至连自己也搞不清原因。

11. 为了躲避伴侣贬低你的言语和对现实的扭曲，你开始撒谎。

12. 你连简单的事都拿不定主意。

13. 你在闲谈时也要三思。

14. 在伴侣回家之前，你会先在脑子里过一遍自己在这一天里做错了哪些事情。

15. 你觉得自己现在和以前大不相同——以前更自信、更爱玩、更放松。

16. 你开始通过丈夫的秘书和他对话，这样你就不用直接告诉他那些可能会让他不开心的事。

17. 你觉得自己做什么都不对。

18. 孩子开始在你的伴侣面前保护你。

19. 你发现开始对一向相处愉快的人发火。

20. 你感到绝望，郁郁寡欢。

21. 经给你幸福的人，现在成了你痛苦的根源。

22. 你总开心不起来。

23. 你越来越犹豫不决，就连一些鸡毛蒜皮的小事，都拿不定主意，下不了决心。

24. 你身边的朋友越来越少，你越来越依赖别人。

25. 你说话越来越小心，话也越来越少。

26. 曾经自信、开朗、乐观的你，现在身心疲惫，你不想解释，不想表达，累到连做表情都费力。

最后，审视一下你们之间的关系，然后问自己一个问题：自从你和TA在一起后，你是变得越来越好了，还是变得越来越不自信，越来越虚弱了？我们常说，一段好的关系，是让两个人都舒服，都找到最好的自我。相反，如果一段关系让人越来越没有自我，那么就要警醒了。

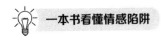

情感操纵者的常见形态

在情感操纵者中，有几种比较常见的形态，分别是施暴者、自虐者、悲情者和引诱者。虽然都属于情感操纵，但他们使用的方法和表现的状态不太一样，所以，对他们加以分别有利于更好地分辨出身边的操纵者。

第一种：施暴者。顾名思义就是动用暴力手段对被操纵者进行人身伤害。比如，早些年前上演的电视剧《不要和陌生人说话》中男主角就是一个典型的施暴者。施暴者在情感操纵中属于非常明显的一种，这种人最容易辨别，这种人往往不隐蔽，所有的怒气、暴力都会直接展现出来，如果不顺从他们就会立刻发怒，轻则言语威胁，重则拳脚相加。在他们的思维和认知里他们就是老大，什么都得他们说了算，常常挂在嘴边的话是"不听我的话就滚""如果你敢反抗，我就弄死你""你要敢离婚，我绝对不会让你拿到孩子抚养权""如果你敢把这事曝光，我一定会让你生不如死"……

以上这些话的杀伤力都非常大，而且也很吓人。这些言辞通常也都能奏效，因为如果反抗的话，对方都很清楚自己的下场会是什么。这些人绝对能把别人的生活搞得鸡犬不宁，或者至少让人不开心。施暴者可能不了解自己的一言一行会对别人造成多大的影响。虽然这种人大部分情况下只是随口说说，但是，这种威胁造成的后果却是非常严重的——哪天他们真的说到做到，对方就惨了。

很多家暴的案例中，占控制地位的那一方往往都是施暴者。在一个案例里，有一位女士小 A，她在工作中很出色，个人能力十分强，但是同居的男友却是一个游手好闲的浪荡子，没有钱花就伸手向小 A 讨要，从来不会体谅她工作辛苦，两个人基本谈不上感情，稍有不顺心就摔盆砸碗，小 A 提出要分手，他就威胁对方说，只要敢分手就会杀了她和她的全家。于是小 A 总是生活在恐惧和无助中，但慑于对方的暴力与恐吓，只能默默忍受。有一次她鼓足勇气去报警，结果警察以没有确凿证据为由，对小 A 的男朋友进行了劝导和批评教育，导致他怀恨在心，回到家变本加厉地对小 A 大打出手，把她踹倒在地上踩踏，甚至踢坏了尾椎骨导致小 A 卧床好多天无法行走。她感觉十分绝望，虽然害怕这样的人，却又不敢离开。

案例中小 A 的男朋友就是典型的施暴者，他们以伤害别人、威胁别人为主要手段和目的，这样的人很危险，会对被控制者造成很大的人身伤害。

第二种：自虐者。如果说施暴者是将威胁外化，而自虐者则是将威胁内化，他们会向被控制者强调，如果不让步他们就会对自己做出自虐举动。比如，我们经常看到有些男女在恋爱中，一方提出分手而另一方以自杀来威胁对方。自虐者和施暴者同样极端，他们一言不合就会以自虐行为来威胁对方。不管是出于人道还是自责，对方都会一再回头，最终被操纵。自虐者常说"别跟我吵，我要得抑郁症了""你得哄我开心，不然我就辞职不干了""如果你不照做，我就不吃饭，不睡觉，不喝水，不吃药，我要毁掉自己""你敢离开我，我就自杀……"以上都是自虐者可能使用的威胁方式。

自虐者的关系模式中：他们充满了亲密关系中的依恋和对遗弃的恐惧。他们随时在表达一种"请不要离开我，如果你离开我，我就会伤害自己"的态度，这里面暗含了这样的一种信息：我是不值得被爱的，我是令人讨厌的。他们用自虐的手段把自己的责任归咎于你，就是想让你觉得"我应该为所有的事负责"。自虐者能使出的极端手段就是向别人暗示他们可能会自杀。这种威胁没有人敢轻忽，也是让自虐者觉得最有效的一种方法。这让我们心中深藏着一份恐惧，生怕他们在骗了我们好几年之后，有一天真的使出这样极端的手段。大部分人看到对方"自虐"或"自杀"，内心就会觉得自己有过错才导致对方这样，他们会说"如果TA因此自杀了，我不会原谅自己，我会一辈子受到良心的谴责"。这样的人通过伤害自己达到伤害别人的目的，留在这种人身边并不比留在施暴者身边安全，因为这样的人也没人能拯救他们，如果你要生出保护对方、不想让对方受伤的心想去保护他们，无疑会给了他们一个更好控制你的理由。

第三种：悲情者。悲情者简单来讲就是"卖惨"博同情。悲情者表面看上去很"脆弱"，事实上他们是一种沉默的暴君，巧妙地通过自己的"惨"来转嫁错误，让对方来担责任，他们不会像施暴者那样大吼大叫或动用暴力，也不像自虐者"死给你看"，但是他们的行为却使你更受伤、困惑或愤怒。他们会暗示，如果你不帮助我，不顺从我，我就会受苦受伤受难，而这一切都是你的责任。比如，每次老王跟同事去喝个酒小聚一下，老王的妻子都会非常低落，她会说，我一个人在家很害怕，无事可做，感觉被遗弃，一脸凄凄惨惨的样子。老王不得不照顾妻子的感受，放弃自己正常的社交活动。悲情者总是看起来很脆弱，TA们也从来不显示强硬的一面，但是总是逼迫你一次次放弃自己真正的愿望，来满足他的需求和期待。

悲情者和前面我们讲的"暗示"是一个操作套路，他们有话不明说，心里不顺心的时候，就会要求对方完全顺从他的心意。而这种让人顺从不会是赤裸裸的威胁，而是暗示，让你觉得，如果你不做就会导致他受苦，这样责任在你，错也在你。指控的后半句"错全在你"通常不会说出口，却能对悲情者的目标的良心，发挥魔力。悲情者高超的演技通常会让别人察觉他们的苦处。如果你看不出来，就是因为你不关心他们；如果你真的关心他们，不用他们开口，你就会知道他们正在为什么而受苦。他们拿手的台词就是："看看你对我做了什么好事！"这种人不能如愿的时候，常会表现得沮丧、沉默，甚至眼中还含着泪水，但就是不说出真正的原因。等我们因此担心了好几个小时，甚至好几个星期之后，他们才会说出自己的需求。

生活中难免出现情感操纵者，只要先了解这些常见的类型，你就能在每个人的行为中察觉危险信号，并事先发展出一套预警系统，以避免被情感操纵。

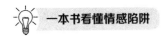

软暴力和隐性操纵

如果说情感操纵非常容易识别的话，那么现实中就不会有被操纵者跳楼、自杀等负面新闻的出现了，所以情感操纵有一定的隐蔽性，这种隐蔽体现在生活中。有人是天生的情感操纵者，是他们自身的性格缺陷造成的。还有一种是你身边最亲近的人，他们本身并不知道是对你进行操纵，它无关道德，更像是一种个性和风格。也许这个人本质善良，只是自以为比较感性或直爽……总之，他是个心理正常的人。隐性操纵不同于专门学习 PUA 操纵术的人，后者有目的，其经过刻意练习或学习，针对专门的目标进行恶劣的情感操纵以达到骗色骗财的目的，是一种不道德的行为。但是隐性的操纵相当于一种软暴力，伤害性更大，像钝刀子在割肉，让人的幸福感和自我价值被扼杀于无形之中。恶劣的情感虐待，也许能引起人们的厌恶和警惕，远离施虐者，但一个心理正常的"好人"或"亲人"实施情感操纵，很容易让人深陷其中而不自知。

那么，生活中的隐性操纵如何辨别呢？

第一，操纵者总喜欢用道德威胁，他们会说"你如果爱我，就不会让我不开心，相爱的人不就是要在乎对方的感受吗？难道我每天情绪不好，你没有责任吗？如果你不听，就证明你不爱我，幸福是两个人的事，是你破坏了我们的幸福。"用这种道德感迫使对方产生内疚心理，时间一长，你就认为他并不是控制，而是真的在乎你，你应该为彼此的爱负责，应该听他的，这样才有助于感情的顺利发展。

第二，过度依赖。在一种关系中，一方总是强调自己什么都不会，离开了你，他连生活都无法自理，遇到天黑就会害怕等，看到你回来就紧紧抓住你的手不让你离开，这其实就是一种隐性操纵，让被操纵者感觉"被需要"，这是更加隐形的控制，被控制者甚至还享受其中。过度依赖很容易激发你的同情心和保护欲，TA 们会经常生病、胆小、不能拿主意，一刻都不能离开你，你就是他的全部，这时，你的价值感很容易被激发，往往义不容辞承担起"强者"角色，事实上，你已被对方控制了。

第三，假性亲密。这种关系体现的就是人们常说的"貌合神离"，两个人在一起的时候并不亲密，有很大的距离感，但表面却很客气。这种控制很隐晦，甚至不被意识觉察，特别是在家人、朋友面前还会让他们很羡慕。被控制者会有距离感，甚至越在一起，内心越孤独，但又没任何理由不喜欢，还会担心是自己的问题，若是分手或离婚，会觉得自己是个"背叛者"，也无法面对家人。

第四，过度牺牲和付出。这类控制者采用的方式是"一切都是为你好，若不是因为你，他就不那么辛苦了"，似乎他做的一切，都是为了你更好，TA 们把你的利益放在自己利益之上，甚至会舍弃本属于自己的东西。

其他可能的隐性操控行为还有：

轻蔑：在言语中彰显优越感，贬低他人。例如，夸张地模仿对方说话的语气、口音、表情等。

好斗：故意激怒对方，挑起争端。例如，阴阳怪气地反问，开贬损他人的玩笑，大声命令"你给我闭嘴"等。

牢骚：有别于普通的抱怨，以哀怨或恳求的样子做出情绪性的抗议，表明自己才是无辜的受害者。例如，"你知道我有多努力吗""我怎么就跟你讲不明白呢"。

无论男性女性，在一段关系中都有可能卷入情感旋涡，甜蜜与苦恼相伴，猜忌与和解纠缠，但深陷长期与过度的压抑痛苦中，就值得你警醒，不妨识别一下另一半的情感倾向。

评价一段感情的好坏，最为直观的是你身上发生的改变。让你变得积极向上，变得更好的，那就是好的感情，是需要你去珍惜的。倘若一段感情，让你变得越发的懦弱、自卑、意志消沉，那就需要赶紧脱离，其中一定有隐性情感控制的存在。

不会被PUA的人具备哪些特质

　　因为各种原因遭受别人情感控制的人有很多，多数是因为自己没有防御能力。一个具有防御系统的人，就是具备核心信念的人。核心信念是一个人的心理命门，如果我们偶尔受到一些攻击，我们的心理防御系统是可以保护我们不受伤害的，比如说我们在外面办事排队，然后有人插你的队，这个时候你们发生了争执，甚至发生了人身攻击，像这一类的情况，你的核心信念是不会受损的，但是如果一个人遭受的攻击是长期性的，反复性的，高频次性的，以及是以爱的名义进行的，这个时候我们的防御系统就会失灵，而我们的核心信念就会受损。在日常生活中，你的上司、伴侣、朋友，以及你的一些长期合作对象，是最有可能伤害你核心信念的人。作为亲密关系的守护平台，本书一直致力于为女性提供个人成长的课程和指导，让她们成为真正具备强大特质的人，只有具备了这样的特质，才能收获平等的两性情感，才不会轻易被别人PUA，也不会去PUA别人。

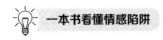

那么，不会被PUA的人都具备哪些特质呢？

1. 无欲则刚的人。无欲则刚代表对别人没有期待，这样的人往往内在和外在都十分强大，自然不会迎合任何人的要求，所以不会给操纵者任何机会。

2. 非常厉害的人，这种厉害体现出来的不光是财富地位，更是思想内心。如果别人对她们提出要求，她们会自动忽略，怎么可能上当？比如我们常见的那些财富地位和名誉都特别响亮的人，谁敢去PUA他们呢？

3. 相对自私的人。这里的自私不是贬义词，我一直鼓励大家在感情中新创3：7原则，把更多的精力放在对自己身上就很难被情感勒索。自私的人更在意自己的感受，如果感觉不舒服就会及早处理，而不会把自己拖到深渊。

4. 非常现实的人。现实的人足够理智，不沉溺于幻想中，只看真金白银，新闻里的PUA受害者中有很多高智商的。高智商的人之所以被PUA，是因为TA们爱幻想，喜欢浪漫，随便画个饼就会被登月碰瓷，就像有句笑话讲的：严重怀疑他们白天上完微积分，晚上在被窝里看安徒生童话。

5. 情绪稳定的人，泰山崩于前而色不变，真勇者能成大事轻易动摇不了。

6. 目的性强的人。这样的人完全知道自己要干吗，想要什么，每个阶段都有自己的检测，不容易被路上突然蹦出的野猴子眯了眼，因为有自己的三观和信仰，所以精神上不会被凌驾。

这些特质组合起来就形成了自己的防御系统。这样的人，知道自己是什么人，有没有价值，不会在别人的言语和评价中想要"成为一个什么样的人"，这样的人十分有定力，不容易陷入自我停滞以及自我迷失的状态当中。

III
情感操纵的
常见场景

恋爱中的PUA

PUA 搭讪艺术最初用在恋爱中被称为"恋爱学"，也就是鼓励一些人通过学习搭讪和沟通能力，去接近喜欢的异性。经过野蛮生长，慢慢演变成了"情感操纵术"，带着邪恶和触犯法律道德的风险，去"钓鱼"，最终达到男性去骗财骗色，女性骗财的目的，这就是恋爱中的 PUA。在这种邪恶的教唆下，无数女性成为他们的"战利品"，也有男性会上了女 PUA使用者的圈套被骗钱、骗感情。

有一个案例：

小 H 谈了一个男朋友，最初看上他的时候是因为其打扮得十分时尚，言语温柔，整个人在社交媒体上展现的状态就是见多识广，富有并且人脉广泛，于是小 H 很快就被吸引。在与男友同居的过程中，男友有一个黑色小方盒从不许她碰，她很好奇，有一天趁男朋友不在就偷偷打开来看，发现是一个硬盘，于是她让懂电脑硬件的弟弟解锁了硬盘密码发现里面有上百个文件夹，都是以不同名字命名的，往下拉发现自己的名字也在其中。打开文件夹里面都是视频，并且是大尺度的激情实录。视频中女主角各不相同，但男主角都是小 H 的男朋友。这时的小 H 彻底被击垮，她想到近期男友像变了一个人，动不动就生气，而且还向她动手，还不断以各种借口跟她要钱，她才发现自称"高富帅"的男友原来是个不良 PUA 使用者，是个彻头彻尾的骗子。

还有一个案例：

有个女孩叫小会，之前开朗、活泼，充满阳光，自从谈了一个男友后就变得越来越憔悴、压抑，一身的负能量，并且变得多疑、不自信、整天怀疑自己，甚至开始回避社交，总觉得自己有很多缺点，甚至一点也不好。小会的男朋友小轩看上去很有才华，而且还比较深沉。但在一起以后，小会发现自己跟小柯在一起的时候并不快乐。

小柯经常说她这里没做对，那里没做对；

在小会伤心的时候，小柯从来不安慰她，而总是趁机提出各种要求，说因为小会这里不好，那里不好，才导致发生了这样的问题；

小柯从来不夸奖小会，而总是打压她。

……

当小会提出分手的时候，这个男人就发疯一样的痛苦，并向小会表示，他是真的爱她。小会在这样的矛盾中十分痛苦，她越来越分不清楚自己究竟好不好，这个男人到底爱不爱她？如果爱她的话，为什么这么让人痛苦？甚至她后来觉得，是因为自己不够好，不够爱他，才想离开小柯，因为自己配不上小柯，自己有这么多的缺点，所以总惹小柯生气。

在恋爱持续了不到一年后，小会大病了一场，她因为抑郁症不得不中止了原先的工作，整个人陷入了崩溃的边缘。为走出抑郁状态，她开始了长达半年的心理咨询。

以上这两个案例中的女孩以为自己遇到了爱情，实际上对方却是不良PUA 使用者。

在恋爱 PUA 中，情感操纵的一方为了吸引异性达到目的，他们的目的不是获得一段美好健康的恋爱，而是视女性为玩物，他们大多要的是一段短期的、只需要享受的"恋爱"，他们不会为了提升个人魅力而花费太多的时间。于是，很多的 pua 恋人就像是活在朋友圈里的"富豪"一样。通过炫富、营造事业出色、多金优质的形象去吸引女性。如果有一个形象"完美"的男性主动来认识并不算十分优秀的你时，先冷静一下，看看彼此的圈子是否有交融，他朋友圈里的"高大上"是不是淘宝炫富一条龙。如果圈子没有交融，他的炫富也可能是假的，那么最好选择远离。

如何判断自己的亲密关系是否遭遇 PUA 呢？如果你的伴侣拥有以下特征的多数，这已经不是"可能"或者"很可能"的问题了，如果你继续保持与他的关系，就会被对方严重地伤害。

一、闪电式建立感情。如果是真心想发展一段恋情的人，往往会对另一方有周密的考察不会轻易就发展成多么熟的恋人关系。情感操纵者对感情的在意非常浅，他们是以涉猎和钓鱼为目的的，通常约会没有几天就会通过甜言蜜语蒙骗你，想和你永远在一起，并且说想和你一起白头到老，轻诺必寡信，所以当你发现刚认识的另一个人非常轻易或迫不及待地想与你建立起亲密的关系时，最好警惕。一见钟情并不是没有可能，但不会飞快作出不切实际的承诺，更不会约会两三次就要共赴一生，闪电式的感情往往很肤浅。不良 PUA 使用者，承诺得越快抛弃对方的时候也一样快。

他们通常在认识爱慕对象很短的时间内就会提出同居或结婚。

二、明显有动手和暴力的倾向。当你的另一半故意伤害你，比如拉手头、扭胳膊、推搡和踢踹，甚至故意毁坏你的个人物品，如摔手机、砸某个特定的小礼物，哪怕只有一次，立刻离开他。男性的粗暴体现在出拳发泄怒火，女性的粗暴往往也会表现出甩人耳光，或者踢人打人，大部分不良 PUA 使用者都有可怕的脾气，如果你的男友或者女友总是控制不住发脾气，做危险动作，甚至用语言和暴力威胁你，这都是不正常的现象。

三、控制社交圈子抹杀你的自信。如果你的另一半以各种借口不让你接触外界，会告诉你，你那些朋友对你不好，在利用你，或者不能理解你们之间的特殊爱情。如果他没法赶走你最好的同性朋友，有时候不良 PUA 使用者会宣称你的朋友勾引他。如果你和朋友及亲人联络，他们会惩罚和虐待，还不如不要和朋友亲人联络。时间一长，你断了自己的圈子，所以基本上找到不支持者，心里有苦也找不到倾诉的地方，明明是不正常的事情，别人无法帮你分析，导致你越来越没有自信，甚至觉得自己很笨老是做错事，这一定是有了问题。

四、打一巴掌再给一甜枣。进行情感操纵的人多数是喜怒无常的人，他们以此来折磨对方的心智与感情。他们表现出来的就是既要虐待你又会体贴你，并且他们的行为在虐待与体贴间来回循环。循环的一开始，他故意伤害你，虐待你。你会因为一些小事被责骂、被诅咒、被威胁。第二天他会突然变得很温柔体贴，像你们刚开始约会的那样为你做很多事情。于是你留了下来，希望这次的虐待—体贴循环是最后一次。虐待期的另一个后果是让他们有机会对你或者你关心的人做出恶劣的评价，再次摧残你的自尊和自信。他们常常会事后拼命道歉，但是你的自尊已经受到了伤害——而这正是他的计划。不断虐待你又不断道歉和体贴的循环，最终能把你的自尊彻底打击，直到你对自己做出傻事。

五、都是你的错但他们不分手。在情感操纵者的眼里，你是错的，任何事情的责任都是你，即使他做错了事，换个说法也把错归在你的头上。如果你约会迟到了10分钟，那么他会以每小时80迈的速度开车，把其他驾驶者从路上挤走，并且整晚上都板着脸，这些都是因为你的错。如果他发狂似的驾驶，要把某个无辜的驾驶者挤出高速公路——他会觉得那不是自己的责任，而是别人的责任，因为别人换车道时没打转向灯。他会给你造成这种印象——是你招来了他的愤怒、咆哮和攻击，你活该遭遇他的怒火、暴力、冷漠。当你提出分手时，他会十分害怕，表现出崩溃哭泣，他会恳求、发誓，送礼物甚至用自残来挽回这段感情。他们并不是真心悔过，而是为了更进一步地控制你做出的战略上的妥协。一旦重新落入他们的掌控，你下一次的离开会加倍困难。

六、你的爱好在TA眼里一文不值。不良PUA使用者不是让你变得越来越好，而是希望你变得越来越差，他们会劝你放弃自己的爱好和兴趣，他们这么做的动机是防止你拥有他无法完全控制的兴趣爱好。甚至他们有一些神经质的表现，会时不时地对你进行追踪和查岗，看你在哪里，在干什么，和谁在一起。尤其是发现你和异性在一起的时候，他们会发出无数个问题，例如你是怎么认识他的。如果你不接他的电话，他会盘问你在哪里，你在干什么，你在和谁说话等。他会注意到你汽车上的泥巴，然后质问你为什么要去某个地方买东西，质问你为什么要给某个朋友打电话，某个朋友为什么要打电话给你等。一开始他们可能"教育"你该穿什么，该听什么音乐，在公共场所该有怎么样的行为举止。最终他们会训练你不许和某些朋友熟人交谈，不许去某些地方，不要公开地谈论某些话题。

恋爱中的 PUA 有一个非常好判断的点，那就是如果你发现对方对你的感觉是"我爱你，所以你哪里都不好"，这绝对是鬼话，真正的爱无不是希望自己好，对方更好。而不是通过爱的名义进行打压和伤害。有一个女孩，她本身是一个非常优秀的女孩，但因为对方总是说她各种不好，各种不堪，使得她慢慢失去了自信。分手以后一直陷入自我怀疑的状态中无法摆脱，最初是因为失恋迟迟走不出来才找到情感导师，经过课堂导师为其专业的情感解答和心理疏导，女孩一点点找到了自信，并发现自己并不是前男友说的那么不堪，而是对方有意操纵打压她才如此。经过一段时间的系统学习，女孩不但提高了情商、爱商，同时也明白了什么是真正的PUA，什么是真的感情。

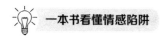

职场上的PUA

职场上面的 PUA 手段主要就是打击员工，让员工没有自信，同时认为自己现在就应该多学习、加班，自愿压榨自己为公司带来利益。这就是职场被 PUA 。我们看两个案例：

案例一：新职工小左是个可爱的姑娘，做事勤快，平时阳光开朗，深受老职员们的喜爱。但因为年轻没有多少工作经验，偶尔会犯点儿小错误，但只要前辈指出来她就会虚心认真去改正。可是最近小左总是偷偷哭泣，也不爱跟人说话。原来是部门经理老是挑她毛病，认为她各种不好，比如常当着众人的面说她"你上班不带脑子吗？""都不知道你的学历是怎么来的？""年轻人怎么能有这么笨的人"等。像这样尖酸刻薄又伤自尊的话，让小左几乎天天在同事面前抬不起头来，一种强烈的挫败感一直围绕着她，之前开朗活泼的笑容也渐渐没了。小左非常希望领导能看到她的优点和努力，不要总把她贬低成一个废物。可部门领导横竖不关注新员工的感受。

案例二：小李是个非常敬业的员工，在公司干了两年多，每天工作加班加点从无怨言，当他跟部门领导提出加薪申请的时候，不但没有得到批准，反而被狠狠数落了一顿。

部门领导对他说："上班做不完，加班还做不好，工作效率这么低。天天加班浪费电，你还好意思跟我提工资？"

然而实际情况是，他已经尽全力完成了本职工作，但还要经常加班替领导做一些别的事情。

"你怎么不想想当初是怎么把你招进来的，作为下属你连起码的感恩心都没有。"小李原本想解释，但领导根本不给机会，还像连珠炮一样说，"客户跟我投诉你，说你太笨了，要我把你换掉。""同事也觉得你不好相处，本事不大，脾气不小，动不动就觉得公司亏待了你。"

……

这些话语深深刺痛了小李的心，原本他想好好干，没想到提加薪碰了这么一个大钉子，小李真想辞职不干，但想到自己还有贷款要还，孩子还小，只好忍气吞声没有发作。部门领导正是拿捏住了小李不敢轻易辞职的软肋，总是用各种过分的言语贬低小李，让他觉得这份工作来之不易。

以上这两个案例只是职场 PUA 的一种，还有其他不同的对员工的控制与伤害。比如，有一类人用他们的强势总是指责下属，不断指出他们的短板与劣势，以此来降低员工的自信，从而消耗员工的心力，以显示他们的优势。

为什么会有职场 PUA？

职场中的 PUA 通常发生在上下级之间，领导或是为了更好地管理下属，或是为了稳固自己的地位，又或是满足自己的私人癖好，于是在无意或有意中对下属进行 PUA。

职场 PUA 的标志，第一，否定你。通过否定你进行情绪上的宣泄，但不给你提供具体的指导。比如，他们常挂在嘴边的话是：

"这点小事都做不好，你有什么用！"

"你怎么又写这么多 bug，还不如一个应届生！"

"你是猪吗？这么简单的事情，为什么你总是记不住！"

第二，用各种言语打压你，让你怀疑自己的能力和价值，让你以为自己再努力也不会成功，比如他们会说：

"虽然你很努力，但是你一点做产品经理的天赋都没有。"

"你根本就不适合做销售，你没有用户思维。"

"我觉得你这种人就不适合工作。"

第三，营造自己的权威人设，让你觉得领导的能力真的很强，所以你被否定肯定是自己的问题。比如他们会说：

"我工作 3 年就做了总监。"

"我之前在亚马逊和谷歌工作过。"

"从来没有人和我对着干还得到好结果的。"

"我已经工作 10 年了，我比你有经验。"

第四，他们经常用极其矛盾的态度对待和评价员工。比如他们会说：

"你是有优势的，要对自己有信心。"（肯定）

"你不值得，你真的不值得。"（否定）

"你靠作品肯定出得来的，我绝对支持。"（肯定）

"你得先让我高兴了，你再提需求。"（控制）

这种摇摆和反复的话语就是一种精神控制，先肯定后贬低，让对方先对他充分信任，后对对方浇十足的冷水，让对方相信他给予的评价，并且继而怀疑自我的真实价值。最后，员工就沦为老板的赚钱工具和乖乖听话的人，这就是 PUA 学在职场上的普遍应用。

第五，明明刻意压榨，却又用一些抬举的词来美化他们的目的。比如，他们会说：

"996 和 007 是为了你好。"（用为对方着想的语气使得对方服从）

"下班后帮我去给我儿子买本辅导书，这件事每个人都可以帮我，我为什么找你，是因为我信任你。"（提高到信任的高度，使得对方难以推却）

"我这是在教你做事，不是把事情推给你。"（明明是压榨却变成了提携）

如何判断你是否正在遭遇职场 PUA 呢？其实很简单，如果你的领导是正确的，他们多数是就事论事，对事不对人，会帮你分析问题，并告诉你如何改进，对你进行鼓励和帮助你成长。如果你的领导是一个不良 PUA 的人，那么可能就会变成这样的状态，他会说："你看，这个月的业绩又不行，你这能力不行，心态也不端正，如果放在公司以前的时候，你肯定要被淘汰，但是我还是想要给你个机会，你要更加努力赶上，从今天开始，要学会主动加班。"

职场 PUA 实行操纵的一方常常扮演绝对正确的角色，容不得他人的一丝质疑和否认，控制欲极强，必须让另一方同意他的观点。同时，被操纵的一方极度渴望操纵者的认可，常质疑自我，把问题的原因都归结到自己身上，逐渐丢失自我认知。

在职场中也存在 PUA 套路，不过大多出现在上下级关系中，如领导对下属、前辈对新人等。在表现形式上，职场 PUA 既可以是无端打压，通过贬低和否定让下属逐渐失去自信，以控制员工；也可以是空画大饼，以责骂加偶尔表扬和承诺等方式，让员工迷失自我，唯领导是从。延伸的表现还有分配超出工作范围或正常负荷的工作任务，占用员工休息休假时间，甚至发展到性骚扰。职场 PUA 涉及的法律问题主要是违反我国劳动法的相关规定，包括严重超过劳动法明确规定的最长劳动时间以及不支付加班费等问题。

职场 PUA 的应对策略：

你要相信：领导不是评判你能力和价值的唯一标准，如果你不在这个公司工作，领导可能就是个普通的路人甲而已，TA 有什么资格来评判你。这个世界上，只有你自己才最有资格评定自己。另外，打开你的信息通路，多和家人及身边的朋友聊聊自己的工作，吸收他们不一样的视角，通过他们去更好地判断领导所传递的信息和意图，以免受到领导的"精神"控制。最后要远离 PUA 你的人，如果你的领导只能给你带来痛苦，那就远离 TA 吧，转岗或者离职，没什么大不了的。

家庭教育的PUA

　　什么是"家庭式 PUA"？它的概念，类似于家庭关系中常常出现的"打压式教育"和"黑洞体父母"。也就是指，一部分控制欲较强的父母，会习惯于用嘲讽、打击、比较、语言虐待等方式来"精暴和打压式"教育孩子，要求孩子听话乖巧。然而这种教育模式，却能给孩子造成一种极大的心理压力，甚至会影响孩子的性格与人生。

　　从小我们就不断地被拿来与"别人家的孩子"做比较，想法和努力常常得不到肯定。我们经常被告知哪里差、哪里做得不够好，缺少鼓励和包容，长此以往，可能真的就认为自己不行了。

　　有一档综艺节目，大概主题就是让孩子和家长进行现场互动，并且"爱要大声说出来"，也就是让孩子听听父母的心声，让父母听听孩子的心声。有一个孩子站在台上，流着泪对台下的父母说出了自己一直压抑的感受，他说不想父母总是说他不行，不想让父母总是将他和"别人家的孩子"做比较，但是当台上声泪俱下的孩子在大声说着自己内心压力的时候，台下的父母依然不为所动，强势的母亲依然在镜头下对孩子说："你这样哭哭啼啼像什么样子，男子汉流血不流泪，你是一个男孩子，这点打击和挫折都经受不住，以后还能做什么？"现场的主持人赶紧阻止了那位母亲这样的言论。台上的男孩子抹着眼泪在主持人的陪伴下走下了台。

所谓家庭教育中的PUA类似节目中的孩子和父母，甚至比这还要严重，家庭教育中的PUA也类似一种精神控制，就像那些用否定、贬低等打击性语言"鼓励"孩子的父母，他们就是把"我为你好"作为理由，目的是让孩子听话、顺从、乖巧，而这本质上就是一种精神控制。他们让孩子认同自己的评价，进而崇拜自己，感谢自己，然后按照他们所说的认真执行，不允许有任何反对意见，这就是长期操纵与控制。

父母对孩子的这种控制多数是无意识的，在父母眼中，好像孩子永远都不够努力，比如他们常说"才考95分，有什么可骄傲的""英语考得好有什么用啊？你别忘了你的数学才多少分"这样的话责怪孩子，父母本身没有大错，他们对孩子都是恨铁不成钢，但平凡的否定却更像是在说孩子"你能力太差，不值得我的认可"，长期的打压和否定只会在孩子的心里留下阴影，他们在被催眠和精神打击中逐渐开始相信"不论自己怎么努力结果都很糟糕"。

有一句话是父母常常挂在嘴边的"我都是为你好"，当父母频繁地给孩子灌输这种想法的时候，更像一种思想操纵行为，让孩子有满满的愧疚感，这句话对孩子来说太过于沉重，看似承载着父母满满的期望，实际上却是一个沉重的负担。

父母也常说"你对得起我吗？"一旦孩子不顺从自己的意愿，就会觉得孩子对不起自己的付出，他们会表现出自己像是一个受害者，比如他们会说"我为你付出了这么多，你怎么还是不争气""你成绩那么差，你知道我花了多少学费吗"。这样的言论都是想让孩子有内疚感，以此来控制孩子满足自己的期望。

这样的父母，也被称为"黑洞体"父母。比如：一年级的孩子做了5道算术题，其中4道都正确了。唯有一道，孩子把"1+3"错算成了"5"。面对这种情形，"黑洞体"父母就只看到那道错题，然后怒不可遏："这么简单都算不对，你是不是猪脑子。"孩子被骂得羞愧难当，内心只余下吐不出的苦和委屈。父母的本质也许是想"为孩子好"，不要犯简单的错误。但就像苏珊·福沃德在《中毒的父母》一书中所说的那样：小孩总会相信父母所说的有关自己的话，并将其变为自己的观念。到那时，父母越怕什么，孩子就成为什么。本想鞭策孩子成长，却成了绊脚石，得不偿失。

热播剧《小欢喜》中，自从陶虹饰演的单亲妈妈离婚后，女儿乔英子就成了她生活的全部，从一日三餐到生活的方方面面，想要给英子自认为对的一切，长期压抑和沉重的母爱，让英子彻底崩溃。

互联网上，人们有时会把"打击式教育"称为"亲子关系中的PUA"。值得注意的是，这种家庭教育模式在中国并不少见。比如父母对孩子，从小到大，不管孩子多么努力做到多好，得来的都是讽刺和打压：

"才考98分，有什么骄傲的资本？"

"赚得这么少，一定不够努力。"

"又丢东西，是不是脑子不好使！"

一旦孩子表现出不满和抗拒，他们立马转换语气，苦口婆心地"卖惨"：

"这么说你，还不是为你好？"

"我们为了你付出多少，你就这样报答吗？对得起我们这么辛苦吗？"

一面打击他，一面又用"爱"的名义，控制他的一切，这种"爱"真的会让孩子觉得很窒息。

传统观念认为，严厉的教育才能使子女成才。俗话说"棍棒底下出孝子"，其推崇的正是打击式的教育方式。在这种教育理念下长大的父母，也会认同其合理性，认为爱孩子就应该对孩子严格要求，这样才是"对孩子好"。有些父母喜欢把"别人家的孩子"挂在嘴边，用"别人家的孩子"的优点去和自己孩子的缺点进行比较，让自己的孩子去跟"别人家的孩子"学习。甚至，一些父母心里明明对自己的孩子很认同，在外人面前也常以孩子为骄傲，但在面对自己的孩子时却一句认可的话也没有，永远只有打击。

还有一些父母出于"怕孩子骄傲"的担心，在孩子取得进步时也不会去夸赞，反而总是指责孩子还有什么地方做得不够好。要知道，没有一个孩子不希望得到父母的肯定。长期受到 PUA 打压式教育的孩子，会常常习惯性地自我批评和否定，觉得自己一无是处、毫无价值，容易陷入自卑的情绪中不能自拔。

很多父母并不觉得对孩子打击有问题，也有很多父母并不知道 PUA 是什么，但唯一可以做的是，给予孩子"舒服"的爱，而不要让孩子感到"窒息"的爱，就是找对了教育的方法。

校园里的PUA

如果说 PUA 都有亲密关系做基础，那校园里的 PUA 并不属于亲密关系，而是日常课堂和社会交往。那么如何界定校园里的 PUA 呢？校园里如师生间有性骚扰、学术霸凌，同学间的霸凌等都可以算作 PUA 的一种。教师常常为了达到某种目的对学生进行控制和利用，贬低他们的个性，以此建立自己的权威。本质上的道理也是一样，还是权力关系。教师欺凌学生的典型表现形式有：强迫学生完成过多的科研任务、不把科研成果署名、以课业成绩为要挟达到私利目的、情感操纵 (不一定与性有关)。

若是单纯的情绪霸凌，更多的还是发生在男女朋友之间。在校园中，十七八岁刚出头，青年"自我"的建构尚未完成，"社会化"尚未完成，在微观意义上的社会交往尺度尚不明朗，更易受心理控制。

有一个案例：

孟老师是新调来的班主任，他的性格很放得开，很快就和学生打成了一片，但是孟老师为了实现"新官上任三把火"，在教学管理上非常严格，近乎苛刻的地步。班里有一个性格胆小的孩子叫小涛，非常害怕孟老师，有好多次因为发言不积极和作业做得不够"漂亮"被孟老师批评了。于是，小涛越来越害怕孟老师，怕他提问，怕他查作业，更怕他叫家长。小涛的心里觉得孟老师似乎处处针对他，同样的错误，其他同学犯了就会被原谅，而自己犯了就会被老师添油加醋地当作笑话在班里说给大家听，甚至孟老师把班级评优落选、自己上课拖堂和多布置作业的原因都归在了小涛身上。小涛越来越迷茫和内疚，他总觉得老师是不会犯错的，那么做错的一定是自己。由于孟老师总是当着全班同学的面羞辱和打击小涛，甚至刻意引导其他同学要远离小涛这种"不求上进"的孩子，所以同学们都认为小涛是班上最差的孩子。同学们因为害怕老师，所以集体开始冷落小涛，使得原本就胆小的小涛不敢再开口说话。有的同学甚至把自己犯的错嫁祸给小涛，有一次跑操，一个同学把小涛旁边的同学绊了一跤却撒谎说是小涛干的，小涛也不敢反驳，所有人都相信了那个撒谎的同学，同学们都认为小涛不但学习差，人品也不好。慢慢地，小涛变得更封闭了，他从不跟其他同学打招呼，自己一个人默默上学，悄悄放学。有一天，小涛又被孟老师单独叫到了办公室，孟老师说小涛损坏学校的公物，说他是一个自私的坏孩子。小涛鼓起勇气问老师为什么只批评他一个人，然而老师冷冷地告诉他，他本来就是一个懦弱、自私、无可救药的人，打击和批评他是为了让他变得更好。不仅如此，老师还写了一段话让小涛重复念20遍："我比大家都差劲，我和猪一样，甚至比猪都笨，我是一个下等的人，天生这样的智商，活着没有价值，我是笨蛋，我真该死去，我性格阴暗，体育不好，其他成绩也不好，所以交不到朋友。"

小涛在这种精神 PUA 中，对自己产生了严重的怀疑，甚至好几次都想到了自杀，幸好有一天妈妈翻看了他的日记，觉得孩子有了问题，才带他去看心理医生，最后选择了转学。

校园 PUA 不仅是老师针对某个学生，也有几个同学针对某个学生等，这是一个让家长很头疼的问题。随着校园霸凌事件不断被曝光，校园里出现的 PUA 逐步引起了人们的广泛关注。

对于 PUA 造成的严重后果，政府部门有必要加强规范，制止此类现象发生。同时，家庭和学生个人也要时刻防范被 PUA，并且学会在遭遇 PUA 时保护自己，维护自身合法权益。

一方面，社会上可以成立专门的公益机构，安排专业的心理咨询专家对受害者进行心理疏导，借助第三方机构使受害者早日脱离精神压迫，回归正常生活；另一方面，政府需要加强宣传及监管，使越来越多的人了解到 PUA 模式是一种具有严重危害的行为模式，相关政府部门在接到相关举报或者警情时应当予以重视，加大执法力度，坚决打击相关行为；另外，最重要的是完善相应的立法，在相应的法律中增设更多保护人格权和精神利益的条文，健全法律体系，从而使执法者有法可依，有法必依。

自己给自己的PUA

自我 PUA 虽然是个新词，但对应的行为很常见，大部分人都会有这类自我否定的行为，虽然自我贬低也能激励自己进步，但是负能量越攒越多会有爆炸的那一天，那个时候精神就会不健康了。对于"自我 PUA"，网络上的定义是：将 PUA 的技巧套用在自己身上，通过否定自己，摧毁自己的自信心，从而实现对自我的情感控制。

简而言之，就是自我厌恶，自我贬低。电视剧《武林外传》里的佟湘玉，她因为表面上杀伐果断、背地里却常常贬低自己，一遇事就把"额错了"挂在嘴边，而被网友们推举为"自我 PUA 的前辈"。

在我们的身边不乏"自我 PUA"的人，比如某个人不管工作再苦再累，都会自己一力承担，不喜欢别人插手，如果没做好，你就会听到她说自己"不配做好事情""自己好没用"；当她取得好成绩的时候，别人都很羡慕她，夸奖她，可在她心里仍然会觉得自己"只是凭运气""以后未必能取得这么好的成绩"；常常觉得自己身材也不好，为了控制自己的饮食给自己制定了周密的计划，偶尔出去吃顿烧烤，喝杯奶茶，都要抱怨"太禁不住诱惑了，这样下去要丑一辈子了"。

面对"自我PUA"者，自己整天活在懊恼、内疚当中，身边的人也会被这种消极的氛围搞得很不愉快。他们的常见表现是：

第一，只要预感事情做不好，就把自己定义为废物，习惯从自己身上找问题。常见操作之一是自暴自弃地发朋友圈说自己菜，并配上某张日剧的台词截图"我天生就是一个废物"。因此有时候即使被内卷了，也不觉得自己被卷，而是对自己不满意，觉得自己做得还不够多，加班时间还不够长。这种高度自我怀疑和自我批评，相当于"毁人于心智，慢性自杀于无形"。

第二，即使有所成就，也会对自我产生怀疑。习惯对自己进行自我PUA的人，往往对自己有强烈的羞耻感。哪怕自己取得一些成绩，在内心深处也会怀疑自己是个配不上的冒牌货，"我真的有能力做得那么好吗？可能只是运气好吧？"

为什么会产生"自我PUA"呢？

"自我PUA"者通常遭受到他人的PUA，使自己怀疑自我存在的价值，把别人对待我们的行为进行内化。尤其是父母对孩子的PUA，拿佟湘玉的例子来说，她的父亲对外人是这么说佟湘玉的："我这个闺女啊，脑子笨得很，也不会来事，也没多少文化，这样的女子，搁到哪都是个累赘。"看到这里你应该能明白是什么导致佟湘玉的"自我PUA"了吧。

在豆瓣小组中，有一个"985废物引进计划"，该组中有不少自称

"废物"的帖子，而这个小组的成员几十万，有不少人都毕业于985、211的高校，但高校并没有给他们带来高学历，反而会让他们常常焦虑甚至觉得自己无用。

在生活中"自我PUA"的人很多，"自我PUA"本身就是一种十分病态的心理。我们总是在无意识地自我厌恶：每次获得成功都会有不祥的预感和内疚感；开心的时候会感到恐慌和失落……或许，有人认为，这只是思虑太重、过度担忧。但是，这种自我厌恶正在不知不觉中，摧毁我们自身的快乐。

自我PUA是指通过否定自己，摧毁自己的自信心，从而实现对自我的情感投资，明明自己已经很优秀了，但是内心深处总是觉得自己不够好，不断地自我怀疑，这种自我的苛责并不是来自一个人的过高标准，而是由于缺乏安全感，任何行为的背后都隐藏着一个幕后黑手，这是我们一切行为的动力。马斯洛把人的需求分为5个层次，从低到高分别是生理需求、安全需求、归属与爱的需求、尊重需求、自我实现需求，在大多数情况下，我们会倾向于优先满足较为低层次的需求，所说的安全需求在尊重需求前面，这就意味着当我们的安全感缺乏时，我们会优先获取安全感。自我PUA的人就不一样了，他们通过自我打击来获得安全感，为什么他们会通过这种方式来获取安全感呢？

自我PUA的人，可能是在成长过程中体验过太多失败。尤其是被打压贬低的人，从小到大都有一个心理就是"我是失败的"，抱着这样的基本假设，在面对一些事情时，他们的第一反应就会是"我失败了该怎么办？"如果有人告诉他们要增强自己的自信，反而会让他们开始思考一个新的问题"我如果失败了，别人肯定会觉得我不行，最大的安全感是我本来就不行，那我失败了就不会有人指责我"。这样的行为模式就像是一种策略，如果我本来就不行，那我失败了也不会有人指责我。某些方面自我PUA确实能促使我们进步，但是却牺牲了真正的自信和自尊，长此以往就会让我们陷入焦虑的泥潭中。

王尔德曾说："爱自己是终身浪漫的开始。"我们的生存，依赖于快速掌握自爱的艺术。我们习惯轻视自己、折磨自己的这一行为，既不公平也不正确。当我们面对未来感到极度焦虑的时候，我们需要记住，我们实质上是在担心我们的存在是否妥当，以及是否值得被爱。

如果让自己从自我否定中走出来呢？

第一，不要把批评自己与否定自己当成鼓励自己。那些"要对自己狠一点""不要轻易放过自己"其实是真正的毒鸡汤。取而代之的应该是每天对着镜子告诉自己"你很棒""你一定能做得更好"。对自己苛求的人往往表现更差，给自己一些正面的反馈，才能更有力量面对挫折和失败。人都有被赞美、被鼓励的内在需求，对自己更是如此。只有学会欣赏自己，鼓励自己，才会发现自己更多的优点。

第二，不要把自我PUA当成自我反思。对自己进行否定是打击自己，瞧不起自己，而自我反思却是通过一次失败的经历找到解决办法，学到更好的处理问题的能力，下次会更好地改进。正确面对自己的优缺点（可以自己列张清单，也可以问问朋友对自己的看法），不要因为一个方案需要修改就说自己笨，也不要因为一个工作上的小失误就想自动离职（这不合理也不划算）。

第三，不要苛求完美。自我否定的人往往是因为对于一件事情做不到产生的自我怀疑，最后产生的自我否定，所以做事情不要太过追求完美，要在不断完成的过程中，渐渐对自己产生信任，慢慢收获自信。面对问题少问"为什么"多问"怎么办"。前者带着一定的逃避心理，而后者却是为一件事情的解决在寻找方法。

女性也会成为操纵者

　　说到 PUA 情感操控，大部分人会认为女性会是情感操纵的受害者，多数施暴者和操纵者是男性。事实上，女性也会成为操纵者。女性有计划地操纵男性伴侣的案例也确有发生。在这些案例里，女性操纵者通常具有一些实质性的优势，例如有更高的社会地位、更多的金钱和更好的健康状态。男性可能仰仗妻子赚钱养家而不得不屈服于她的操纵。有的男性则因自己生理或心理缺陷而向妻子屈服。

　　有类女生在感情中，必须要追求控制感，她们会通过各种手段，让男生屈服，成为受她们控制的人，从而实现自己的控制目的，这样才能满足她的所谓安全感。

　　女生是一个非常极端的情感操纵者，她涉猎到一个男生，于是对该男生实施一系列的情感操纵，比如，她对他明面上很好，经常给他买东西，还帮他的妈妈和妹妹买，但私下却对这个男生要求极端苛刻，只要稍微晚回她信息，她就会说，你不关心我了，而且没有解释的机会，一解释就说分手，马上删掉他，删掉他之后，见他没有加回她或哄她，又马上加过来，打压这个男生，说，"我对你好还不如对一条狗"，这是赤裸裸的情绪施虐。她对他的好都是有条件的，就是要你像一条狗一样，吹个哨子就得过来，所有的行为，都必须在她的控制范围以内，并且，她还可以以爱之名，拿道德绑架。该女生要求男生每天都要发20个"我爱你"，并且要以红包的形式发20个5.20元，如果哪天忘了，立刻把男生拉黑，直到男生加倍发红包过来才算完结。并且经常暗示男生她有很多追求者，总把男生说得一无是处。

如果男生遇到这样的女生，实在是悲剧，因为她是在跟她幻想出来的人恋爱，只要这个男生稍微跟她的幻想不同，她就会失控，用情绪虐待你。在感情中，她们并不是要跟你享受亲密关系，她们只是要控制权，以此来满足她们的病态占有欲。

之所以女性也会成为情感的施暴者，是因为和男生一样，女性也想去塑造自己理想中的男性，如果说大部分男性PUA是想达到把女生骗到床上为目的，那么女性PUA男性则是想达成经济上的满足和虚荣心的满足。

比如，有不少诱惑女生学习如何驾驭男生的课程宣传内容是这样的：导师让女生精通"勾魂术"等媚术技巧。"狐狸精"养成高手，《勾魂夺心三十六计》各种催眠法实操和《欲望诱发法》实操专家。帮助学员快速建立高价值人社，吸引高价值男人；同时在"魅惑"聊天方面，尤为擅长，可以让男人瞬间为你着迷，让前任、老公瞬间燃起欲望，自愿为你付出与投资，且这些课程已成功指导多位网红、主播等学员成功转正，同时也非常擅长逼退小三与其他竞争者。

主攻：优质 A 类男快速吸引、让男人跪舔式求和、炮友转正、小三逼退、濒危婚姻关系挽救等。特别适合想要成为"狐狸精"般勾魂的女人、引导男人无脑式投资的学员。

这样的宣传内容无非就是想要教给有"不良 PUA"企图的女性，如何去操纵男生，让他们成为"无脑上钩"的人。这就是典型的女性反向 PUA，这些女性要的不是爱情，而是金钱。往往受到女性 PUA 的男性大多数在经济上是比较优渥的，或者赚钱能力不错的男生容易成为女性 PUA 的涉猎目标。

生活中也有很多男性被家暴、被精神虐待。

有一位男性受害者在遭受了一次非常大的伤害后家人帮忙报警，他对警察说，结婚五年，他时刻要应对妻子的巴掌、平底锅甚至剪刀和菜刀等突如其来的伤害。警察问他为什么不制止或逃离，或者提前寻求帮助呢？男人无奈地叹了口气说："最初以为自己的老婆脾气不好，所以一些小的问题能忍就忍了，没有想过这是一种家暴。再说，一个男人被女人家暴，说出去挺寒碜的，所以就一直没有声张，而她发现我好欺负后就变本加厉，一次又一次实施暴力。要不是这次她拿刀砍在我大动脉上，差一点要了我的命，我也不会报警来处理。"

这个男人的说法代表了大部分男性的心理，他们认为老婆凶悍一点很正常，而且社会上的价值观就是"好男不跟女斗，大老爷们皮糙肉厚，被女人的花拳绣腿打两下有什么大不了？"还有人说"打是亲，骂是爱，喜欢极了用脚踹"，这种观念使得男性最初被虐待的时候以为是亲密关系中的小情趣，所以也不会和"暴力以及虐待"扯上关系。

事实上，任何一种暴力都是循序渐进地出现和发展的，PUA情感控制也不是一上来就把人弄死，而是通过一点一滴从身体到心灵达到虐待和操纵，最终越过了亲密关系中本身该有的"界线"。可那条界线，已经被很多人模糊掉了。更何况一部分女性对男性的家暴更隐晦，打是一方面，"控制"和"威胁"是另一方面。

案例中的男子，在警察的询问下，说自己在家里不但没有任何地位，还活得像一只战战兢兢的小动物，完全听命于妻子。妻子非常喜欢跟他打电话，规定他半个小时就要打一次电话，汇报自己在做什么，她可以不接但他不能不打，否则就是不关心她。那么，如果妻子打过来的电话他没有接到，会怎么样呢？他试过一次，结果回家发现，自己特别珍爱的一套邮票被妻子烧得面目全非。妻子说这是对他不接电话的"惩罚"。

平时妻子也会摔他的东西，结婚第一年就摔坏了他三个手机，还有一次在公共场合因为一言不合，把他的眼镜摔在地上还踩了两脚——这的确不是肢体伤害，但同样会让人心惊胆战，倍感屈辱。

请不要觉得，男人被家暴是一件好笑，甚至值得女生"欢庆"的事情，好像女生遭遇暴力这么多年，终于"站起来了"一样。

我看过一项调查说，绝大多数女性杀人犯都是被家暴多年，在极度的愤怒和绝望中反杀了丈夫，同样，很多男人被妻子家暴久了，也会忍无可忍地回击，从受害者变成施暴者。

极度不平衡的虐待关系，总有一天会走向彻底的毁灭。

所以，暴力就是暴力，操纵就是操纵，这个不分性别，男性被女性PUA 也不是偶然，只是大部分男性碍于面子不说出来而已，当感觉自己被家暴或 PUA 时，男性也应该主动寻求帮助。建立一段正常和谐的亲密关系，是我们每一个人的责任和义务。

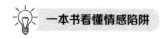

被操纵的青少年群体

青少年群体不仅包括学生，也包括一些走上社会的青年，他们处于长大与成熟的边缘，看样子像个"小大人"，事实上依然停留在青少年的状态。为此，青少年经常无法随心所欲地生活，因为父母会决定他们的住处、在哪所学校就读、接受怎样的医疗照顾等。为了避免父母介入其中，青少年很少将在恋情中或生活中遭遇到的暴力和操纵告知父母，也很少通过专业的渠道求助，害怕父母的孩子更是如此。这些原因使青少年群体逃脱情感操纵难上加难。

另外，还有一类社会上的所谓的"领袖训练营""青少年心理培训课"，以保障青少年心理健康为名，却是在践踏和操纵青少年的心理。

据《中国青年报》报道，有一个叫作"青少年领袖训练"的课程，就是一种PUA式的控制训练。比如，课程设置了高强度的训练，要求参加这个训练的10~16岁之间的孩子每天唱歌、练舞、游戏、完成作业，有时早上五六点就要起床，睡眠不足，"比在学校学习还累"。而且课程上的许多游戏，无论学员采取什么玩法，都会被教官批评。在整个课程过程中，大多数孩子们每天都哭，教练告诉他们"不哭不行，不哭融入不进去"。课程设置的很多游戏没有实际意义，只是设置了一个极端场景，引导学生进入情境。其最终目的，就是让学生在游戏过程中哭泣、情绪崩溃。国内一些"精神传销"式的培训机构为了招募更多的人，要求学员把孩子也带进来，有的甚至开办了面向五六岁儿童的课程。

有一个同学在面对记者的提问时回忆说，在"青少年领袖训练营"，他们被教练要求，要一起反反复复大喊口号"我要做一个负责任的领袖!""我要做一个难迎难而上的领袖""我要做超越别人的领袖"，大家一直在喊，谁都不敢停下来，谁先停下就输了。课程还设有游戏环节，经常持续到晚上 10 时许，有时到深夜 12 点才结束。课程还要求，每个学员需要分享自己的错误，并互相批评。比如，彼此找出对方的缺点，如"虚伪""不孝""自私""不合群""难沟通""不负责任"等，直到把对方骂哭。那些不愿参加游戏的同学，会被老师和老学员当众批评。老师还会要求所有学生站在椅子上，跟着老师的口令左转右转。如果犯了三次错，就会被人拖出会议室，在门外等游戏结束。老师说，老学员就是"你们的父母"，每一次犯错都会让父母受伤，不能做错事——"整个过程让人很有负罪感，半数人被硬拽到门外"。

在这样的课程结束后，大部分孩子并没有学会当"领袖"，而是变得胆怯、不自信，心里总是害怕做错事被批评。

在网络上，与"精神传销""教练技术"相关的视频下，有许多网友都评论说：自己在青少年时期也参与过这类课程。可见，青少年群体被操纵已经不是个案。

　　青少年由于缺乏经验、知识、信心和法律地位，想要摆脱情感操纵、重获自由，他们比成人更需要他人的帮助。不幸的是，青少年常常只向同龄人求助，但他们是很少有足够的能力去有效地帮助自己的。如果作为成人的你想帮助他们，就要表明自己是值得信任的，你必须避免一味地说教，要学会耐心地倾听、给予支持。

IV
识辨和摆脱
PUA情感操纵

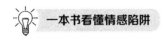

情感操纵的评估与测验

想要摆脱被情感控制，首先要辨识和评估测验自己是否正陷入情感控制的状态里。如何评估自己在亲密关系中与另一方的状态，可以从以下几个方面来检测：

社交方面，对方是否干涉你：

外出（从不／有时／经常）

与朋友通电话或发微信（从不／有时／经常）

与其他人聚会和结交朋友（从不／有时／经常）

与亲戚之间的联系（从不／有时／经常）

参加有兴趣的社群组织（从不／有时／经常）

对于个人活动，对方是否干涉你：

睡觉时间（从不／有时／经常）

穿衣服打扮（从不／有时／经常）

形象管理和身材胖瘦（从不／有时／经常）

另一半是否监视你：

偷看你的手机，甚至不经同意删除你的好友（从不 / 有时 / 经常）

查看你的通话记录和聊天记录（从不 / 有时 / 经常）

不允许你设置手机密码（从不 / 有时 / 经常）

对你的手机进行定位（从不 / 有时 / 经常）

尾随跟踪甚至派别人监视你（从不 / 有时 / 经常）

不顾你的反对强行录音或录像（从不 / 有时 / 经常）

检查你的衣服、购物清单等（从不 / 有时 / 经常）

为了让你服从进行恐吓：

故意不和你说话、冷落你（从不 / 有时 / 经常）

在你面前摔东西说狠话（从不 / 有时 / 经常）

扬言如果你不按照他说的做就会弄死你（从不 / 有时 / 经常）

做出过激行为如超速驾驶（从不 / 有时 / 经常）

推搡或对你身体产生暴力（从不 / 有时 / 经常）

毁掉你喜欢的东西（从不 / 有时 / 经常）

说要让你惹上麻烦或故意让你惹上麻烦（从不 / 有时 / 经常）

与你之外的其他人有不正当关系（从不 / 有时 / 经常）

以孩子威胁你，比如带走或伤害孩子（从不 / 有时 / 经常）

TA 是否通过以下行为惩罚你：

不让你回家（从不 / 有时 / 经常）

伤害你，用各种让你不舒服的手段（从不 / 有时 / 经常）

让你破产（从不 / 有时 / 经常）

试图勒死你或让你窒息（从不 / 有时 / 经常）

对你进行性虐待（从不 / 有时 / 经常）

使你的人生充满恐惧（从不 / 有时 / 经常）

鼓励你通过自杀解脱（从不 / 有时 / 经常）

上述这些行为中，如果你总是选择"有时"或"经常"，你要想想哪些让你非常恐惧，哪些事情是另一半将会继续这般对你，然后再想想自己有哪些改变？与你信赖的人例如心理治疗师、父母、闺蜜或最好的朋友讨论一下你选的这些问题。为什么把心理治疗师排在第一，因为人们在寻求帮助的时候，往往更容易对专业的人员毫不保留，而在面对父母或最好的朋友的时候，为了不让他们担心会选择轻描淡写。如果你感到不知所措，请暂且搁置几天，或规定自己每天在特定时间、特定地点思考一会儿。一段时间之后，请把你的思考熟记于脑中，就像把它们放在你的衣服口袋一样。长此以往，你将渐渐找到方向。

无论自己是否受到身体上的伤害，如果被情感操纵，心理上一定会受到伤害，而且这种心理的焦虑与压力会让人走极端（比如自杀）。如果你在前面的行为列表中感觉伴侣有"威胁要杀了你"或者用种种手段伤害你（强迫发生关系，掐你的脖子，甚至随身携带凶器），这些都是非常危险的因素，一定要选择向律师或警方寻求帮助，以保护自己的安全。

为了摆脱自己被精神操纵，你必须意识到自己正在被操纵。但这种意识会给自己带来很大的冲击力，因为经过被长时间的操纵以后，受害者已经顺着被操纵者的思维开始做事，并且经常否定自己，所以不怎么信任自己的判断和经验，甚至会不断对自己进行 PUA，觉得自己一无是处，甚至觉得被伤害都是"应该的"和"正常的"。这进一步模糊了受害者对个人现实的觉察，因为他们不仅习惯了被别人打压，也习惯了自我打压。

所以，通过检测只是初步让自己找到自己的影子，更好用的方法是寻找第三方的观点。然而，需要注意的是，受到精神操纵的其中一个迹象就是受害人向亲友隐瞒或粉饰操纵者的行为。在这种情况下，被操纵者就很难得到第三方的观点，而无法看清自己的真实处境。因此，对许多人来说，解决 PUA 的第一步就是找到一个安全且可靠的第三方，并向其坦白有关这段关系的信息。

第三方可以是家人也可以是朋友，如果觉得对家人和朋友倾吐心声有难处或者已经被控制得与外界断了联系，那么就要找专业人士，比如警察和心理方面的专业人士，如心理咨询师或治疗师。因为这些专业人士不会将你的隐私说出来，且能够协助来访者处理不健康的关系，让其渐渐走出困境。

当情感操纵的受害者能够意识到自己的危险处境时，就等于让光亮一点点透进黑暗的生活，也就能够意识到别人对自己的操纵与伤害会对自己的情绪、健康、思维和行为带来负面影响。所以，这个时候要做一个 PUA 手账，把对方的话术和被伤害以后的反应，当时的感觉、想法以及由此产生的行为记录下来，如"肚子不舒服""感到挫败""觉得自己一无是处""生无可恋""取消了与朋友的晚餐聚会"等。

当受害人能够认出精神操纵发生时的情境，而且能够意识到它对自己产生的影响时，其自我意识就会得到增强，并得以开始与真实的自己重新建立联系。此外，识别出 PUA 的有害影响可以促使个体采取行动反抗自己在生活中所遭受的精神操纵。

你是否有应对操纵的策略

通过检测你可能确认了自己正在承受着情感操纵，但是否有应对操纵的策略更关键，有很多人发现自己是个受害者，却苦于找不到策略而迟迟无法行动，继续陷在这种情感中无法自救。另外，有不少受害者虽然身处情感操纵中，但依然想维持表面的安全、和平。尽管独自承受着巨大的身心压力，但却迟迟无法向前迈出一步。

这个时候找到应对情感操纵的有效策略才是关键。比如，你要问自己以下几个问题：

你有属于自己的安全空间吗？

你有支撑自己的信念和所做的事情吗？

如果你有孩子，他们安全吗？

你和家人、朋友仍保持联络吗？

你有什么爱好吗？

你每天独处的时间多吗？

你有短期或长期的目标吗？

你面对威胁的时候想过报警吗？

你有没有保护自己的安全计划？

如果以上这些问题你的回答都是"从不"，说明你根本没有任何应对情感操纵的策略，如果以上问题你的回答是"希望做得更多"，说明你已经开始意识到自己处于一段危险的关系中，如果不积极想办法，很可能会使这段关系更糟，或者让自己的处境更危险。

所以，正确有效的策略还是需要自己来审视和找到解决的办法。

第一，要消除自己的负罪感。对方想要控制你，最强大的手段就是通过各种方法让你产生"负罪感"，觉得是你自己的错导致对不起 TA。要认识到自己不是一无是处，是对方想让我觉得一无是处，不要觉得你无法满足对方的需求，这跟你一点关系都没有，是对方的课题和计划，是 TA 想让你觉得不如 TA。只有摆脱负罪感，才是自我救赎的开始。

第二，要用有效的方法来应对情感操纵者的无度索求。比如，TA 们会提出各种要求，不让你穿自己喜欢的衣服，不让你跟异性接触，不让你和亲朋好友联系，不让你迟到，不让你穿着暴露，要求你必须每天做某件事或必须支付钱等，这个时候你要冷静下来想一想，这些要求是不是合理？是不是对方的要求很过分超出了正常人的范围？或者想想这些要求是不是对你造成了侵犯和超出了你的能力范围，如果你觉得不舒服，就不要急着答应，告诉对方你需要考虑几天 TA 要求得是否合理。如果对方一直催促你或者以"爱你"为借口逼你快速做到 TA 要求的结果，你要敢于说"不"。不要害怕在 TA 这里失去价值，应对别人的无理要求或超高要求，再或者是带着目的的要求，你的顺从反而是上当，只有拒绝才是理智的。

也许你已经被对方情感操纵到习得性无助，不敢反抗，只会逆来顺受。所以直接拒绝 TA，一时半会不可能做到，拖才是最稳妥的，慢慢来吧，总要有个过程。

第三，脱离和情感操纵者单独在一起的空间。比如找一个放松和安静的空间，然后在脑子里想象因为拒绝对方的要求而可能遭受到的打击，还有你自己的情绪波动。当你感觉自己有点慌乱、焦躁时，就提醒自己深呼吸，把你的念头收回来，回到当下。反复多次，直到自己可以完整地想象整个过程。你辨别出哪些是自己的不合理信念，哪些糟糕的结果其实你可以承受，你就不再会那么害怕和无助。

第四，你可以选择和对方开诚布公地谈一谈，你可以清晰地说出自己的感受，帮助对方意识到他的要求有诸多不合理之处。这样做无非有两种结果，一种是对方从善如流，意识到自己的错误，慢慢减少情感操纵，从此你有好日子过。另外一种是，对方不认为是自己的错，还是一如既往地强迫你和要求你，那你大可以大胆、大声地说出不。无法为你注入心理能量，还不断剥削你的能量的人，当你确实避不开时，就正面说"不"。

第五，为自己赋权。当你识别出情感操纵以后，就要厘清自己在这段关系中被迫扮演的受害者的角色并做出改变。承认自己是受害者并不是一件羞耻的事情，相反，只有承认才是为自己赋权的开始，也是改变这种糟糕关系的基础。在前面我们讲过，情感操纵往往不是一个人的责任，受害者也有很大的责任在里面，这个责任并不是你"一无是处"，而是你发现自己是受害者以后不敢迈出改变的那一步。比如，当一个人被操纵者指责为"心理不正常"或"太敏感"的时候，试图去为自己辩护，而不去想是对方不正常，不会去想对方这样打压你的真实意图。这样的反应实际上会强化情感操纵的效果，因为这等于是向操纵者发送了一个确认信息，即质疑或否定对方的真实感受是有用的，迫使一个人放弃某种想法是可行的。受控制的一方越是纠缠和为自己辩解，越会带给控制者一种游戏的快感，所以，最好的办法是不予理会，不把对方的话当回事，才是真正地为自己赋权，我是谁我说了才算，我是怎样的人我说了才算。

第六，在有必要的情况下，断了这种关系。情感操纵的一方与另一方之所能够越陷越深，往往是不忍心或没办法结束当前的关系。尤其操纵者会一而再、再而三通过道歉、求告的方式让受害者回心转意，一旦受害者接受了对方的"忏悔"，对方还会故技重演，甚至变本加厉。大部分情感操纵者并不会真心改变，只是为了达到持续控制对方而采取的短暂假象。如果你通过各种手段阻止对方对你的操纵而失败了，而且对方的情况看上去改正无望，那么完全可以考虑终止与对方的交往。如果你逃离不了这种关系，就会使自己不断走向更糟的境地，这不是危言耸听。如果在你提出斩断关系的时候，对方使用过激的手段，就要求助法律途径，越是对方过激，越要斩断得更加决绝。

学习PUA相关知识，谨防情感受伤

　　情感操纵虽然渐渐走进大众视线，但总体而言依然十会隐蔽，受害者不容易察觉，受害者周围的亲人和朋友也很难在第一时间发现受害者异常从而进行帮助与救援。这就给我们一个警示，平时需要多学习一些安全知识，关于 PUA 方面的知识，防止情感伤害比已经受到伤害如何脱困更有意义。如果经过专业系统地学习婚姻情感类知识，解读相关案例来发现现实中的问题，也会收获平台专业情感专家的解答，让有困惑的不再困惑，没有困惑的对情感更加笃定与自信，懂得什么样的情感是健康和谐的，从而学会慧眼识人，不会落入错误情感、危险情感的陷阱。

　　比如要了解和学习一些与情感操纵相关的术语，如杀猪盘、煤气灯操纵、飞猴、间歇性强化、PUA 操纵术、精神虐待。学习和了解这些术语是一个很好的开始，尤其是陷入情感操纵中的人，一旦开始接触这些概念并学习到其中的内容，渐渐就会明白这些词汇和它们背后的实际行为在你的生活中是如何发挥作用的。

　　杀猪盘，是指诈骗分子利用网络交友，诱导受害人投资赌博的一种电信诈骗方式。"杀猪盘"是"从业者们"（诈骗团伙）自己起的名字，是指放长线"养猪"诈骗，养得越久，诈骗得越狠。诈骗分子将社交平台称为"猪圈"，他们准备好人设、交友套路等"猪饲料"，在其中寻找被他们称为"猪"的诈骗对象。通过建立恋爱关系，即"养猪"。最后骗取钱财，即"杀猪"。有不少被 PUA 的受害者，最初开始的亲密关系也许就是不正常的，是被涉猎和被诈骗分子骗了，才发展成为男女朋友的，其背后是被人利用与操纵，最终被骗财骗色。

煤气灯操纵，前面我们讲过，但在这里把这个概念再列示一下：早在 20 世纪 40 年代，就有一部名字与之类似的电影《煤气灯下》（*Gaslight*）问世。这部电影讲述了这样一个故事：一个丈夫想让自己的妻子表现得像个"不正常的人"。他有计划地摧毁了妻子的世界观及其对自己的信心。他是通过现在被称为"煤气灯操纵"的洗脑术来完成的。当一个施虐者点亮煤气灯时，他或她会通过设置情境使目标怀疑自己对情境的记忆和评估。施虐者这样做的目的是让幸存者变得不自信，进而只能把自己的一切全权交给施虐者。

飞猴，这一概念来源于电影《绿野仙踪》，就是坏女巫利用飞来飞去的猴子帮助自己做邪恶的事。自恋者、反社会者和精神病态者也有自己的飞猴。这个"飞猴"就是被操纵的人。第一种是并不清楚什么是精神虐待的人，第二种是故意装作没看见心理虐待的人。这些操纵者非常隐蔽，像躲在后面操纵猴子的人，他们明明是实施"犯罪与暴力"的人，但却很难在"犯罪现场"找到他们。因此，施虐者非常聪明。施虐者必须让所有的棋子都发挥作用，并且让自己看起来永远不像坏人。他们惯常使用的手段就是通过各种手段做出伤害人的行为，却能把责任转嫁出去。如果你身边的人一直做出让你不舒服的行为，却把责任推给你，都是你的错，这一定不是个正常现象。

间歇性强化，在感情中，间歇性强化效应就是一个随机的奖励机制。也就是说对方提出的要求你并不会每一个都答应，而是采用随机抽奖的方式答应，这样既不容易让对方觉得自己太容易得到，又不会打击对方的积极性。所有的情感控制，都不是一天发生的，都是经过间歇性强化慢慢形成的。

比如，一个男孩喜欢一个女孩。这个女孩表现得好像也喜欢这个男孩，但她有可能是一个自恋者或是一个情感施虐者，所以她对男孩的典型反应充其量是不理智的。男孩很努力地避免做那些女孩明确表示不喜欢的事情（她通过尖叫、喊叫等行为来表明）。可男孩不小心做了一件女孩不喜欢的事情，但女孩却表现得很喜欢。男孩感到十分困惑，因为他以为女孩会发怒。有时男孩做女孩喜欢的事，但女孩却对他很生气，男孩感到更加困惑了。女孩突然失踪了两周，没有和男孩联系。为了知道她在哪里及他们之间究竟怎么了，男孩一直给女孩打电话，但女孩不接电话。在男孩绝望无助时，女孩突然又出现了，并且表现得像什么事都没发生过一样。女孩告诉男孩，她只是太忙了，并不是不想搭理他。男孩很高兴，他的生活终于恢复正常了。

这个故事就是一个非常好的例子，任何人处于故事中男孩的位置上，都会感到困惑，但他不得不随着女孩的情绪变化去不断适应。

PUA操纵术，无论是什么样的操纵，无非都是在"你是谁""你来自哪里""你要去哪里""你现在应该在哪里做什么""你的价值在哪里"这几点上扭曲你的认知，扭曲你的感受，以此达到操纵你的目的。

比如，通过贬低你的外表、怀疑你的智商、怀疑你的能力、怀疑你没有常识、怀疑你的家庭教养和父母的教养等，让你觉得你在他眼里没有价值。

你是普通大学毕业的，他会说，那种三流大学出来的就是不行。你是名牌大学毕业的，他会说，你名牌大学出来的，连这都不会，看来名牌大学也有笨蛋……很多人遭遇被否定时，都会为了证明自己而拼命逼着自己努力，到最后精疲力尽还是得不到承认时，就崩溃了。比如，有一个原本才貌双全的优秀女孩，被操纵后，她觉得对方"熠熠闪光"，而自己却是"一块垃圾"，只能竭尽所能地讨好他，否则就没有资格跟他在一起。于是对他言听计从，不仅失去了尊严，甚至不断照着对方的要求伤害自己，最后痛苦撕裂到觉得唯有死才是自己最好的结局，甚至选择了自杀。

虐待不限于身体上，更可怕的是精神上的虐待，其往往以摧毁对方自尊为最终目的。比如：

侮辱性称呼：对方可能用类似"傻 X"或其他更过分的、明显有侮辱性的字眼来称呼你。

人格打击：经常涉及"总是"这个词：你怎么总是犯错、你总是把事情搞砸、你总是这么讨厌……基本上在对方的形容里，你会开始感觉自己没那么好："我是不是就像 TA 说的那样一无是处？"

大喊大叫：大喊、尖叫和骂人是为了恐吓，让你觉得自己渺小、不重要。这个过程也可能伴随着扔东西或是击打身边的物品。

公共场合的尴尬：在不合适的场合下透露你的隐私、糗事、拿你的短处或缺点开玩笑。

轻视：当你告诉对方一些自己觉得很重要的事情时，对方的表现像是根本无所谓。有时候不仅是在语言上，诸如翻白眼、假笑等肢体动作也都透露着类似的信号。

开玩笑：当你觉得自己从中受到伤害时，对方却表示自己说的／做的事情只不过是在开玩笑。

讽刺：通常说一些挖苦的话，当你反对的时候，对方会说没有羞辱你的意思，并告诉你不要把每件事都想得那么严重。

与情感操纵相关的术语远不止以上这些，但对于发现和觉醒于一段错误的亲密关系并想要摆脱这种关系，搞明白以上这些术语已经够用。人们常说，见多识广的人不容易被骗，目前网络资讯这么发达，汲取知识的渠道如此广泛，多学习一些网络安全知识，多接触一些两性亲密关系和情感操纵方面的书籍，把头脑和心理都武装得强大了，才不会遇到骗子，也才能使自己不会轻易被伤害。

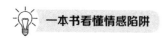

评估与对方的关系

任何一段糟糕的关系能够持续发展，都缘于受害者没有仔细、认真地评估与对方的关系。如果你静下心来想想你和对方的关系，看你的脑海中会出现什么样的画面？你的感受是愉悦还是难过？你在这段关系中如何看待自己？你又如何看待对方？不要带任何批判，让自己的思绪自由流淌，看看自己在这段关系中收获到什么，失去什么，看你的自由意识将你带到什么地方。想完之后，可以把这些感受写下来。先从过去关系开始评估，比如：

我最喜欢对方的一点是：＿＿＿＿＿＿＿＿＿＿＿＿＿＿＿；

我最不喜欢对方的一点是：＿＿＿＿＿＿＿＿＿＿＿＿＿；

我看对方的特质是：＿＿＿＿＿＿＿＿＿＿＿＿＿＿＿＿＿；

我和 TA 在一起的时候，我看重的自己的特质是：＿＿＿＿；

当我对 TA 感到不满或沮丧的时候，我希望可以改变：＿＿＿：

我们在一起最让我有感触的是：＿＿＿＿＿＿＿＿＿＿＿；

在回答这些问题的时候，我的感觉是：＿＿＿＿＿＿＿＿＿；

此刻，我的身心感觉是：_____；

然后，评估一下你与对方过去的关系是如何的，比如：

我最喜欢我们过去的一点是：_____；

我最不喜欢我们过去的一点是：_____；

我再也不想经历的事情是：_____；

我看到我们的关系像_____（母子、父女、主仆、主人和动物，任选一个），审视一下自己与对方的真实关系像什么。

评估了当下和过去，再想想你们的未来将会是什么样的。

我最喜欢未来有：_____；

我对未来最担忧的是：_____；

我未来想成为什么样的人：_____；

我和 TA 的关系会在_____方面帮助我成为这样的人。

我和 TA 的关系会在_____方面阻止我成为这样的人。

我对未来有哪些期望_____；

我对未来有哪些恐惧_____；

既然你已经仔细地考虑了你所处情感控制式关系的过去、现在和未来，是时候给这段关系做个评估了——看看它是否适合你，今后又会如何发展。所以，拿起纸和笔，把下面的话填写完整。

·自从我进入这段关系以来，我感觉我更_____。

·自从我进入这段关系以来，我感觉我不再那么_____。

·当我考虑这段关系对我的影响时，我感觉_____。

现在，拿出一张新的纸，在中间画一条线，在左侧的一列写上："我可能想继续这段关系，因为……"在右侧的一列写上："我可能想放弃这段关系，因为……"如果你愿意，在接下来的几天里，当你想到了更多的正反面观点的时候，再回来继续这部分的练习。

最后，当你已经完成前面所有步骤的时候，再拿出一张纸，在顶端写下这句话："我是想继续停留在这段关系里，还是想放手？"然后在下面的空白处用你喜欢的方式填充——词汇、图画、句子或符号。你也可以留着空白，什么都不填，只是静静地看着这句话。给自己足够的时间面对这个问题，直到你认为的正确答案出现为止。

曾经有一位成功摆脱情感操纵的人说："我相信在这个世界上真的有邪恶的人，是我不幸遇到了，但这本身并不是我的错。"

"我所经历的事情是可以描述和命名的，并不是我的问题，其他人可能也正在遭受像我一样的经历。"

"那个怪物让我觉得我才是问题所在，其实 TA 才是真正的怪物，才是真的变态。"

"事实证明，我从来没有疯，疯的是对方，是 TA 希望我变成别人眼中的精神有问题的人。"

这些观点，就是很好的觉醒，也是一个人陷入情感操纵关系中经过认真评估自己与对方的关系中得出来的清醒认知。只有认识到自己，也清楚了对方哪些地方是让自己舒服的、哪些地方是让自己感觉不舒服的，通过这些审视，做到知己知彼，才能真正让一段错误的关系回归正常，即使回归不了正常也能有能力摆脱。

看到自己的优势与闪光点

　　多数被情感操纵的人往往是不自信的人，或者是通过别人的打压渐渐失去自信的人。缺乏自信的人往往会看不到自己的优势与闪光点，然后加之被不断贬低，最后陷入自我怀疑与否定的泥潭。有人说，真正自信的人往往不会受到别人的控制，因为 TA 们知道自己是谁，自己有什么能力，即使有缺点也会认为是正常的，普通的人都不是完美的人。他们会接纳自己的不完美，所以不惧怕别人的贬低。另外，一段好的关系往往是和谐的，爱的表达也非常简单，不需要控制和干涉别人，如果对方不爱我，也不会苦苦纠缠或脱离不开，爱就在一起，不爱就离开各自欢喜。TA 们不会因为别人不爱自己，就觉得是自己不够好、不够优秀，TA 不是你世界的主宰，他或者她无法决定你是否值得或者优秀。

　　作为指导过很多情感困惑学员的人，我认为，爱，需要正确表达，也需要直面拒绝。前半部分体现的是爱人的能力，后半部分体现的是爱自己的能力。而爱自己的能力才是一项别人无法撼动的能力，也是解决情感操纵问题最好的方案。

摆脱情感操纵给身心造成的严重后果不是一件容易的事，但核心非常简单。你只需要理解一点：你已经是个优秀的、有能力的、招人喜爱的人，不需要一个理想化的伴侣的认可。当然，这一点说起来容易做起来难。但是当你意识到你不需要别人就可以给自己下定义时——也就是无论情感操纵者怎么想，你都是个有价值、值得被爱的人——你便踏出了通往自由的第一步。

当遇到被别人情感控制的情境时，你要学会帮助自己。

第一个，当你因为做得不够多而受到责备的时候，你要告诉自己：

我没做错任何事。我能倾听，但我不会内疚。

我不是坏人，这事不全是我的责任。

她感到失望不是我的错，她的期望实在是太离谱了。

即使他觉得一切都不会再好起来，这件事也会过去。

她想要的超出了我能给予的限度，我永远也做不到那样，也不想那样做。

她想要我做的事只会让我感到压力和疲惫。

第二个，当某人情绪失控的时候，你可以对自己说：

他不能控制自己的情绪，这不是我的错。

她很不高兴，但我还是好的。地球依然在旋转。

他表现出一副义愤填膺的样子，但这不意味着他是对的。

有人感到难过并不意味着我要让他们来支配我。

他说的话太夸张了。

他想让我相信这件事是世界末日，但它其实并不是。

第三个，当有人试图控制你、控制你的思想时，你要提醒自己：

我的需求与他的一样合理、同等重要。作为成年人，我们是平等的。

我的生命不属于她，我可以不同意她的观点。

应该由我来选择忠诚于谁，他没有权利要求我完全忠诚于他。

我的价值不在于他对我的感觉如何。

这只是他的观点，他不能控制我。

一旦你明白自我认知并不取决于操纵者认可这一点，就会主动要求对方停止操纵行为。你有权享受爱和美好的生活，所以你要明确自己的心，要对方必须善待你，否则就离开 TA。你要以退为进，看清现实，拒绝向操纵者无情的批评、苛刻的命令和控制行为让步。

每个人都有闪光点这是毋庸置疑的事实，遵从自己的内心，相信自己，不用听别人对你的贬低和操纵。你必须认识到，假如你不容许，就没有人能够操纵你。为了防止他人操纵，你需要明白人们是怎样试图操纵你的。他们说的什么话，做的什么行为，持有的什么观念，会操纵你的情感和行为呢？

有一位成功摆脱丈夫操纵的 W 女士，她发现自己的感情有异常，丈夫总是企图控制和打压她，于是她寻求心理治疗师的帮助，她逐渐认清了真相：不论别人怎么说，她自己都认为自己就是一位善良、能干、聪明、热情的女性。她学会了不再参与那些永远赢不了的、给自己带来致命打击的争论，不再理会脑中丈夫喋喋不休、吹毛求疵、有损人格的声音。随着 W 女士变得越来越坚强，她反而发现了丈夫的问题，丈夫特别想要通过压制她来证明自己是对的，哪怕为了证明这点不惜伤害别人。一段时间过后，她不再把自己的丈夫理想化，也不再渴求得到他的认可。这个时候，她明白已经无法从丈夫那里获得足够的爱、欣赏和陪伴，继续维持这段婚姻已经没有意义。于是，她离开了丈夫。最终，W女士进入了一段新的、更有满足感的情感关系。

故事中的W女士由于发现得及时，所以很快摆脱了被情感操纵的状态，如果你也是一个情感操纵关系中的受害者，那么也可以用不同的方式来回应对方，如果你的情感操纵者是某位家庭成员或雇主，也许你能找到办法约束这种关系对自己的影响，同时又维持这种关系。比如，有朋友陪伴的时候才去看母亲；设法让自己跟言行过分的领导减少接触；或者干脆彻底离开。只要你的身体和内心拥有一股巨大的能量，这个能量就是看到自己好的一面，就可以帮助你摆脱情感操纵。

平时在生活中也要有意识地锻炼自己对于自我欣赏的能力，可以从以下几个方面进行。

1. 不要在乎负面评价

很多人容易轻信别人的负面评价，变得越来越不自信。

《依恋：为什么我们爱得如此卑微》中有一个非常好的办法："我要埋葬那些对我的恶言恶语，我要埋葬那些对我不正确的批判，还有压在我心上的魔障。最后，愿你们安息。"

还可以列出负面评价清单："将别人对你的负面评价列在一张纸上，再烧掉或者撕碎扔进马桶冲走。"

把负面评价讲出来、写出来、发泄出来，埋葬它。

2.学会赞美和奖励自己

把你平时赞美和安慰别人的方法写下来，用在自己身上。这个是最有效的方式。给自己设置目标，达到之后，就及时给自己奖励。每天照着镜子对自己说"你真棒"，心理暗示是一种强大的力量，当你天天说自己很棒的时候，那些打击你的言论就会失去效用。

3.宣泄渠道

情绪必须要有宣泄的渠道，比如国外非常流行的"发泄屋"，抡起大锤砸酒瓶，击打假人等。还可以找朋友倾诉，或者上网找一些情感树洞，总之不要把沮丧、无助、委屈这样的情绪默默藏在心中，当你越来越阳光时，想要操纵你的人就会望而却步。

4.多运动

科学研究发现，运动能够改善很多不良情绪，爱运动的人往往思维活跃，对一件事情的认知也会更活跃，容易走出被禁锢的思维，不容易成为被操纵者。被操纵者可以多运动，因为愤怒是对挫折或侮辱的生理性反应，一旦转化为体能，怒气自然也就消了。所以可以通过跑步、瑜伽、去健身房等运动方式，去消除负面的情绪和评价。

不要对操纵者心存幻想

有不少人之所以陷入被情感操纵中无法自救，不是自己没有能力或认不清状况，而是对实施操纵的人心存幻想，觉得 TA 们之所以这么做是因为爱，或者幻想对方总有一天会改变。如果真的想要改变被操纵的状态，就不要幻想去改变操纵者！唯一要做的就是改变你自己。情感操纵和家暴一样，只有零次和无数次，当你发现身边的人是一个情感操纵者，千万不要心存幻想，而是要么远离，要么改变。

情感操纵由于多数发生在亲朋好友或熟悉的关系中（如职场和家庭），操纵者会用直接或间接的手段，告诉对方如果不满足他们的要求，就会有苦头吃。情感操纵一般有几个特征：要求、抵抗、施压、威胁、恐吓、屈服、重启。也就是情感操纵者先提出不合理的要求，无视对方的抗议不断向你施加压力，并以各种手段来威胁、恐吓，不答应他们的要求就会有不好的事情发生，直到被操纵者屈服，答应他们的要求，他们才会恢复为提要求之前的样子。这说明一个什么问题？情感操纵者只要有目的地开始实施操纵，就不会轻易收手，他们必须要达到让你屈服的目的。他们会利用被操纵者的恐惧感、责任感和罪恶感制造"迷雾"，使受害者失去基本的理智和判断力。让受害者觉得如果自己离开或者不认同对方的要求就是"不负责任"。施害者会粉饰自己的动机，把自己单方面的要求描述成"为了我们的将来""我是为了你好才这么做的"，从而把责任推给受害者，"你不听我的就是破坏我们的将来""你拒绝我就是损害我们共同的利益"。勒索者会给受害者扣上神经质、心术不正或歇斯底里的帽子，让受害者对自己的精神状态产生怀疑。就如明明是自己有错在先，TA们会说"你这样做太对不起我了""要不是因为你有错在先，我怎么可能这么痛苦？"

总之，情感操纵者从最开始就是想让受害者牺牲自己的需求来满足他。而大部分的受害者一方面是为了得到他人的认可，另一方面是怕看到别人的负面情绪。为了不让他人感到失望，自己觉得内疚或自私，你就不会拒绝别人的要求。在这样的套路下，你渐渐失去了自我，对于自己的身份，到底该满足谁的需求，灵魂最深处的东西，只有模糊的认识。对自己的认知含混不清，就会削弱你对自己判断能力的信任，你无法依靠自己的判断、价值观做决定，于是，你就将控制权放到别人身上来指引你解决问题，而你也在无形中成为外控型人格，认为生活中发生的事，更多的是由别人或外部因素引起，并非自己所能控制的，所以你将控制权放到别人身上，而在这样的恶性循环下，你很容易就成为操纵者的"猎物"。

一旦成为别人的猎物，改变就更不容易了。更不要幻想着自己听从对方的命令，按照对方说的去做就能让对方改变。事实上，你越顺从，越不反抗，他们越能体会到操纵你的快感和成就感。

也就是说，让你陷入操纵关系中的，是你在不知不觉中与试图控制你的人达成了共谋。你的每一次顺从、屈服、让步，你每一次满足操纵者的愿望与意图，都让贬低自尊、人生虚无、腐蚀情感的恶性循环更加根深蒂固。只有你改变自己的行为，让操纵失效，操纵者才会不得不改变策略或另寻目标。千万别费心去和操纵者说他的做法对你来说不公平、不善良或不友好，操纵者根本不关心你的感受，他们很可能根本没有同理心，他们只有一个意图：追求自己的利益与目标、这往往需要你付出代价。改变操纵者唯一有效的方式，就是先改变你自己，让 TA 的手段失去效果。当操纵变得困难，操纵者很可能会放弃。所以，一旦发现对方是一个情感操纵者，就要有方法让自己脱控。

第一步：给自己一点思考的时间。当情感操纵者提出要求的时候，不要立刻心软马上答应，而是要停下来想想，他这样说是否对？尤其是面对他们催促让你马上做决定的时候，更不要上当，人在急躁的时候往往容易失去理智和思考能力。要冷静下来，化身旁观者，厘清对方的要求，合理的可以探讨，不合理的坚决不迎合。思考对方到底想要什么？对方是怎样提出要求的？若没马上满足对方，对方的反应如何？看看对方的语气、面部表情、肢体动作是怎样的？

第二步：制定一个缓兵策略。实施情感控制的人一般不是容易对付的人，他们会用不同方式向你施压，从而让你按照他们的想法行事，这个时候如果你不理睬，他们可能会采用更加过分的手段，但你可以采用"缓兵之计"，比如你说，这件事需要详细的思考，还需要一点时间来考虑，我会尽快告知你结果／我没有办法现在就给你答复，我需要思考一下，我会尽快告诉你。如果对方看到你的拒绝，TA 们有可能会惊讶而且愤怒，他不管你的要求，他只想要让你马上做出答复，这个时候你要像个坏掉的复读机一样，不断重复你的目的：我理解你的意思，但请你给我时间考虑。这个时候一定要坚守立场，不要也不应该解释、询问或讨论任何具体的内容。例如：我知道你会觉得惊讶 / 很焦虑 / 很失望，但是我需要一些时间考虑，考虑好了我会找你的。

第三步：不激化矛盾，降低内疚情绪。对情感操纵者提出的要求虽然不能马上答应，但一定不要在言语上激化矛盾。因为对方会用恐吓、威胁等手段逼迫受害者屈服。被威胁恐吓的一方会触动自己的"防御机制"，为了保护自己会与对方产生争论，这样只会激化矛盾，对方不会听你的理由，反而会用更加让你害怕的手段逼迫你。所以，要改变自己说话的语气，比如可以以"对不起，让你这么生气""我能理解你的心情"为开场，这样能够缓和沟通的紧张气氛，为后面的沟通打下基础。另外，不要让自己有自责和内疚，不要因为自己不妥协而觉得对不起对方，找一个安静的地方或舒适的地方，通过深呼吸、肌肉放松来应对这种不适。用这种方法每周练习两次，并持续一到两周的时间。

第四步：给实施操纵的人反向贴标签。情感操纵者一般爱给被操纵者贴标签，而且这些标签都是负面的。如果你对操纵者前期的要求采用了缓兵之计，那么你已经能够面对操纵者了，当再次发生操纵的事件时，你可以给对方"贴标签"，一旦你给操纵者贴上标签，并且告知你的感受，那么球就被传回到他那里了。例如：当你抬高声音对我吼叫时，我觉得很害怕，很焦虑。如果你能够停止吼叫，用冷静的声音说出你的需求，我会感觉被尊重、被珍惜。

第五步：瓦解操纵者的目的。想要让操纵者的操纵目的达不到，那就需要你有对付的一套办法，最有效的办法就是直接向操纵者说明你知道他的目的，告诉对方"你这样做我感到不舒服，请不要继续要求我""你说话的语气让我难过，我不希望你这样对待我"，操纵者一旦听到你这么说，他们再实施自己的一套就会有所顾忌。你也可以直言不讳告诉对方，你已经知道他的目的了。比如，我知道你想让我替你做这件工作，但你的威胁是不会有用的 / 我知道你想让我明天和你一起去，但对我冷暴力、忽略我是不会让我就范的。

第六步：与对方进行协商，实施情感操纵的那一方并不傻，当他们知道对方不吃他们那一套的时候，他们也会收敛，如果他们希望关系朝着健康的方向转变，那么就有了协商的基础。比如：1. 以清晰、确定的方式明确彼此的立场和偏好，并明确对方对此没有异议。2. 商量一个双方都可接受的方案。3. 在需要做决定的时候，双方轮流做主，或者通过扔硬币的方式来随机决定谁做主。

通过这几步，非常理智地解决情感操纵的问题，既不把所有的希望放在操纵者身上以期让他们改变，也不让自己一直处于被动地位。

相信自己，建立边界

自我边界是指在人际关系中，个体清楚地知道自己和他人的责任和权力范围，既保护自己的个人空间不受侵犯，也不侵犯他人的个人空间。

较为健康的自我边界，有三个特点：

1. 能清晰区分自己和他人的边界。

2. 自我界限灵活有弹性。关系亲疏，界限不同，既能守住边界，也可以与喜爱的人建立亲密关系，互相进入对方的世界。

3. 对自己的界限有掌控。对他人越界的做法，不管是有心还是无意，要有能力拒绝。也能决定对谁、在什么时候、放开自己的哪部分界限。

西泽保彦曾说："所谓正常的人际关系，就是要和别人交往时保持一定距离。"不管是多么亲密的关系，都必须尊重对方的个性，这是理所应当的规矩。

遗憾的是，好多人在成长的过程中或者与他人建立的关系中，边界却是模糊的。这种界限不清楚的状况会投射到他所有的人际关系中。具体表现是：

一方面，他会过多地在他人面前展露自己的内心世界，过分地渴望他人了解自己，并过度地依赖他人，希望他人在本来该自己做出决定的方面代替自己做出决定；另一方面，他会过多地想了解别人的内心世界，以便获得与别人融为一体的感觉，还想别人依赖自己，希望参与别人即使是很私人化的决定等。

在情感操纵中，多数被操纵者都是边界不清楚的，或者并不相信自己从而无法建立自己的边界。边界感不清晰的人，他有一个特点就是没办法对事物有一个很清晰的认识，那么，他可能就会被对方的一些话语和观点带偏。

比如，夫妻共同抚育孩子，正常来讲的话，这个孩子带不好，父母双方肯定都会有责任，但丈夫如果说："你的饭菜做得不好，搞得我心情不好，你这个女人应该好好辅导孩子，他不好好学习出了差错，一定是你的问题，那是你的责任。"这时候，如果是一个边界感不清晰的人，就很容易丢掉自己的判断能力。她就会容易被对方这种话思想操纵，会认为"对啊，这个孩子没带好，全部都是我的责任"。这里就会出现一个恶性循环。

首先，如果男人跟妻子说："带孩子就是你的事，就是你的责任。"

当一个男人这么说的时候，他肯定就会开始不管孩子了。

正常来讲，孩子需要父母双方一起管的，一个人带孩子很容易会出现教育问题，再加上父亲的不作为，那问题是永远解决不了的。一旦出问题后，男人就会把这个事情，责怪到妻子的头上："你看又出问题了，你看看你做得多不好，做得多差劲。"如果妻子有没有判断能力的话，她就会不断地自责，不断地接受。在这个婚姻关系里面，妻子的价值感就会越来越低。当她在家里的价值感很低的时候，就会有一种强烈的内疚感。情感操纵，经常会促使对方感到内疚。

如果是有自我边界的话，妻子面对丈夫的指责就会说："孩子是我们两个人的，带不好孩子不光是我个人的责任，也有你的责任。"这样就不会因为管理不好孩子而心生内疚，一个内在不内疚的人，就不容易被别人控制。

所以，识辨情感操纵以后要重新审视这段关系，要重塑权利平衡，建立起新的个人边界，让对方知道我们的底线是什么、需求是什么。

比如：

1. 宣布你想自己做决定，在有关你自己和其他人的需求与利益的关系中，你愿意和不愿意做什么；

2. 告诉操纵者，你想被如何对待，你需要被尊重，不允许自己受到伤害；

3. 建立清晰的边界与限制，说明你不能再接受任何操纵手段，不接受任何威胁的方式；

4. 要求操纵者承认你也有自己的需求、价值与意见，有自己的行为偏好；

5. 告诉操纵者，你相信设定边界、重塑个人完整性，有助于你们提升这段关系的整体质量。

当然，缺乏边界感的人，一旦觉察到自己边界不清晰，就能做出调适，有时也会感到改变很难，好像有一股无形的力量推着自己在原先的轨道上继续行进。这时，也可以试着理解自己：

是什么让我维持着界限模糊的人际交往方式？比如一个常见的原因，与自我价值感有关：我是有力量、有能力的吗？我怎样看待和评价自己？我对自己感觉好吗？

一个人越界，可能源于提升自我价值感的需要。不管是控制他人、评价他人还是给他人提供金钱，都可以让一个人感到自己强大、正确、有价值。把自身事务的决定权交给他人，可能源于害怕承担责任和压力、害怕冲突、害怕别人不满意等。

对自己的理解越多，越容易找到自己的边界，也越容易找到自我成长的路径。

比如，提升自我价值感的需要，如果通过控制他人的方式去实现，可能给双方带来困扰，这时候并不是要去压制或者否定这个需要，而是可以寻找其他有效的途径去满足，像是看到自己本来就具备的价值，欣赏和肯定自己，追求学业或事业进步，在个人兴趣上获得精进，在某些方面提升自己，也能提升自我价值感。

如果一个人发现，他的顺从来源于不知道该怎么做决定、害怕承担后果，那他可以做的是，让自己逐渐有能力独立生活，担负起属于自己的责任。

就像《简·爱》女主人公简·爱对罗切斯特先生说的那样：

"你以为我会无足轻重地留在这里吗？你以为我是一个没有感情的机器人吗？你以为我贫穷、低微、不美、渺小，我就没有灵魂，没有心吗？

"你想错了，我和你有一样多的灵魂，一样充实的心。如果上帝赐予我一点美，许多钱，我就要你难以离开我，就像我现在难以离开你一样。

"我现在不是以社会生活和习俗的准则和你说话，而是我的心灵同你的心灵讲话。

"我越是孤独，越是没有朋友，越是没有支持，我就得越尊重我自己。

"我卑微，但并不卑贱！"

这段话诠释的就是自尊与边界，当一个人建立起自己的边界时，就会自带高贵与自信，在任何一段关系中都能平等相处。

尤其是女性，如果拥有了自己的边界意识，用更多的知识和更丰富、更敏感的体验来武装自己——相信的感觉和感受，任何人都没有权力否定它们，即使他们的某些"事实"或许有可能是对的。但作为女性，请先相信自己、肯定自己的感觉，把那些想要操纵你的人赶出你的领地。

我们一定要坚守自己的原则和底线，并学会增强自己的边界意识，努力地提升自己的自信。不用太在意别人对你的看法，必要的时候可以自私一点，学会为自己而战，这样你才能活得自在一点。

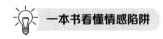

找到自我价值，懂得自爱

自信、自爱和自尊，统称为"自我价值"，自我价值是每一个人建立成功和快乐人生的本钱。一个拥有自我价值并懂得自爱的人，很难被人操纵。

你如何看待、谈论和呈现自己，最终将构成现实中的你。如果碰巧你让自己失望，贬低自己的价值，在面对他人时贬低自己的才能，那么你会变得自卑，低自尊，几乎没有存在感。

健康的自爱是让你成为自己最好的朋友。自爱不是整天梳妆打扮，不是不断宣称自己有多伟大（这些都是极度不安全感的表现）；自爱是用同等的关怀、宽容、慷慨和同情心来对待"你自己"，就像对待一个特别的朋友一样。

不要执着于他人如何看待你。他人对你的看法于你自己的人格有何益处呢？只有你才能给自己所需的自尊。

自我价值要求你学会倾听和依靠自己的感受，而不是处处顾及别人的感受。当你相信自己的感受时，你能体认到不公平的要求，能更好地做出回应。

逃脱情感操纵的方法很简单，就是你必须要接受一点：你已经是个优秀的、有能力的、招人喜欢的人，不需要一个理想化伴侣的认可。当然，说起来容易做起来难，所以有以下几点建议：

第一，不要问"谁是对的"，而是要问自己"我是否喜欢被这样对待？""正确与否"，我们只要关注自己的感受。比如，如果男友指责你不是处女，你不应该去想"他的话有道理吗？"，而是要想"我喜欢跟一个贬低非处女的男生交往吗？"这样一来，你会更专注于自己的感受，也就不容易被操纵了。

第二，放弃做"好人"的执念，尽力就好。大部分人都有一个"做好人"的执念，如果别人说我们的行为不当，我们就会非常焦虑，很可能强迫自己服从别人，成为别人所期待的"好人"。事实上，只有想操纵你的人才会在意你是不是个"好人"，因为无论你是不是好人，在对方眼里依能找到打击你的借口。所以，你要做的不是成为 TA 所期待的"好人"，只要做自己就好。拥有自我价值的人，明白自己是谁，想要什么，而不是活成别人期待的样子。

第三，不要与想操纵你的人争论！如果你被别人用很荒谬的理由指责，沉默是最好的回应。如果你想与对方争辩对错，就摁下了被操纵的按钮，你想证明自己正确，潜意识里就是想向对方证明你是正确的，想让对方认可，这只会让对方更容易对你产生操纵。最好的做法，就是在他质疑你的时候，说一句"我不想和你争论这个问题"，然后继续去做自己的事情就好。

第四，寻找外界支持。或许有人会问，如果我真的不够好，对方只是指出我的错误，我岂不是错怪对方了？首先，你确实有可能犯了错误，但对方必须就事论事，而不是从你的行为上升到"你这个人很糟糕"。更重要的是，事情是对是错，根本不应该由对方一个人判定。很多操纵者惯用的话术就是"你是错的，所以我就是对的"。你当然有可能是错的，但这并不意味着对方就是对的，这两者根本没有联系。哪怕你对自己没信心，也不应该完全听信对方的判断，而是寻求信得过的老师、朋友帮助，让他们来帮你判断事情的状况。

第五，分析你自己。确立自我价值的人，往往能够对自己进行分析，而不是盲目听别人说自己是"什么"。比如，从下面这些问题进行分析：

我有什么经历？这种经历如何促进了我的成长？

我有什么才能？列出至少五个。

我有什么技艺？记住，才能是天生的，而技艺需要磨炼。

我有什么优势？不要总关注自己的弱点，你已经关注弱点太长时间了。现在开始关注你的优势，考虑如何充分利用它们。

我这一生想怎么过？我现在是这么过的吗？如果不是，为什么？

我对自己的健康满意吗？如果不满意，为什么？我能做些什么来保持健康，不让自己生病？

什么能让我感到满足？我是在努力实现它，还是在忙于实现他人的期望？

什么对我是最重要的？

通过自我分析，在内心深处对自己产生自信。然后找到"客观自信"：

通过个人的成长，实实在在提升自信；努力赚钱，提高自己的工作能力；努力学习，给自己的未来多一些选择；努力健身，让自己的身体保持健康和美观。还可以通过"条件自信"去培养自信：展示自己的特长，最后找到自我价值，真正实现自爱、自立、自强。这样，我们对别人的评价自然而然就会产生防火墙的效应。

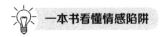

提升认知，坚定内心的信念

一个人的信念是这个人的认识、情感、意志的统一体或"合金"。信念中包含一定的认识，如果没有这些认识或观念，人们就没有所相信的对象，从而也就不会有信念。但信念不是冷冰冰的认识现象，它作为人们强烈认同的认识，是与人的感情紧密联系在一起的。坚定的信念往往伴随着炽热的感情。也正因为如此，信念总是在感情的驱使下导致相应的行动。

每一个意念都能创造一个世界。你有什么样的内在信念系统，你就能创造什么样的外在世界，所有的一切都是你信任出来的，信任具有超能力。你相信自己漂亮，就会越来越漂亮。你相信自己能轻松赚钱，你就慢慢有能力赚钱。你相信自己是个有力量的人，那么就会慢慢生出力量。你相信自己生活会越来越好，真的就会越来越好。

常人总是改变外在世界，高人都是改变内在信念。所以，去探究你到底相信什么，找出你到底偏好于相信什么。要找出你这些信念来自哪里，找出你坚守这些信念的原因，或者你以前一直坚持着这些信念的原因。

在美国的大学课堂里，经常听到老师们给出这样的建议："你的高中老师不会要求你记得关于美国历史的所有细节，但他们期望你能够学会思考，并且能够将信息和观点批判性地联系起来""重要的不是你知道的事实，而是你判断事实的能力。""思考难题并且找出解决方案的能力，比你知道某些特定的知识更重要……"这些建议，其实都是告诉我们，要具备"批判性思维"。

批判性思维来自哪里？一定来自强大的自我内在信念，也可以这样说：批判性思考是与常规的、每日的思考相反的思维模式。

不要把信念寄予任何人身上。哪怕遇到的不是控制型伴侣，把信念寄予别人身上，也是很有风险的一件事。你要自己找到信念，坚定信念，因为信念产生的能量是巨大的。罗曼·罗兰说："最可怕的敌人，就是没有坚强的信念。"

为什么超级英雄不管遇到多厉害的敌人都能战胜？因为他们有信念，以此产生了巨大的、正向的能量，才让他们无坚不摧。

村上春树说："我或许败北，或许迷失自己，或许哪里也抵达不了，或许我已失去一切，任凭怎么挣扎也只能徒呼奈何，或许我只是徒然掬一把废墟灰烬，唯我一人蒙在鼓里，或许这里没有任何人把赌注下在我身上。无所谓。有一点是明确的：至少我有值得等待有值得寻求的东西。"

这就是信念。

当一个人内在拥有强大的信念的时候，往往很难受到别人的控制。每个人的命运都是由自己决定的，最后的决定权在自己手里。我们要确保内心的坚定，不被滚滚的浊流所吞没。内心笃定的人，一定是有自己坚定信念的人。这种信念不是口头上的，而是发自内心深处的，是带有深厚情感，有着丰富的人生阅历，以及广阔的视野。

内心坚定的人，听到不同的声音内心不会焦虑。

在生活中，我们需要树立正确的价值观和内在的强大信念，能够清楚地辨别某件事或某个人对你是有利还是有害的，需要坚定自己内心的信念，不要被他们的情感暴力所影响。我们需要做好以下这几点：

1. 认识到自己强烈的使命感和切实的价值观的重要性；

2. 我们每一个人都应该有自己的发言权和尊严；

3. 对于外面的世界要抱有正能量，用积极乐观的心态去看待这个世界。

当一个人拥有强大的信念时，就会打破内心的怯懦，会发现现实生活其实并不可怕，你只需要意识到只有和狡猾的人、榨取型人对抗和斗争，才能真正地改变自己。总而言之，就是要重建自己内心的价值观。

内在信念强大的人，往往有自己的底线，能够分析与别人相处的关系中，自己的底线在哪里，别人的哪些行为是自己可以接受的，哪些行为是你坚决无法接受的。一旦对方触碰到你的底线，你就要反击，这样很大概率会让对方及时收手。同时，信念坚定的人往往会主动改变而不是被动等着别人改变自己。也许对方在看到你的坚定后，他们反而会退却，因为你并不是一个顺从型的人，他们也就不敢再继续打压你了。

敢于说"不"和寻求帮助

敢于向不喜欢的人或事说"不",既是一种勇气也是一种能力。很多人碍于各种面子不敢或不好意思拒绝。情感操纵者正是拿捏住了被操纵者的这种心理,从而肆无忌惮地对你进行打压,如果你在最开始发现对方说的话或某个行为让你不舒服时,就要积极地说"不"。同时要学会向专业的机构或平台求助,这种求助有利于知识和情感能力方面的提升,也可以向情感专家或心理专家进行咨询,因为这样的机构见多识广,具备专业的能力又属于旁观者,很容易发现一段错误情感中存在的问题。

毕淑敏曾经说过:"拒绝是一种权利,就好像生存是一种权利。"想要摆脱顺从型人格,你一定要懂得拒绝,一个不会拒绝别人的人注定一辈子要活在别人的操纵里面。

我们都要有一个认知,就是不管全世界的人怎么说,我都认为自己的感受才是正确的。无论别人怎么看,我绝不打乱自己的节奏。喜欢的事情自然可以坚持,不喜欢的怎么也长久不了。心理专家武志红说过:如果太考虑别人，一个人就会失去自己的节奏。如果太考虑自己又会显得自私。但身体总是要做一些努力，去找回自己失去的韵律与节奏。很多拖延症中，都藏着这一渴求。但无数人，失去了自己的节奏，原因是，身边有一个控制者，控制者将他的意志强加给你，处处干涉你、入侵你，使你的节奏一再被打乱。人生最大的噩梦是，你身边有一个人，无论你做什么，她（他）都要纠正一下。并且，要你必须按照她（他）的要求来，否则就不罢休，甚至一件小事的纠缠，都能发展到要你死或她（他）死的地步。这就是操纵者的常用套路和行为方式。

举个例子：

丈夫回到家，脱了鞋把鞋子随手放在了脚垫上，结果妻子冲过来说，你怎么总是把鞋放在鞋垫上，你应该放在鞋柜里。然后丈夫又把鞋子拎起来放进了鞋柜里，但妻子又说，进门的鞋都带着脏东西，要把鞋底在脚垫上擦干净再放在鞋柜里。丈夫心里十分不悦，他觉得妻子总是在挑毛病，无论先放进鞋柜或是先放在脚垫上，妻子总会找到不对的地方。丈夫在家里已经体会过无数次这样的状态，关键不是自己怎么做合理，而是，凡是他做什么妻子都要纠正他一下，仅此而已。

想要摆脱情感控制，就要让自己变成敢于说"不"的人，也就是不做顺从型人格的人，要学会为自己而战。顺从型的人总会感到恐惧害怕。在实际事故还未发生以前他在内心就已经建立了一个不幸的雏形。而这也就是顺从型人格的人不幸的原因。他们之所以会顺从，其实是因为自己内心真正恐惧别人对他的打骂和折磨，害怕受到施暴者的惩罚。因为恐惧，他们就会对情感操纵者言听计从，从而进一步加剧了恐惧的念头。因为长时间地活在恐惧里面，他们已经麻木到不知道恐惧是什么了。

作为顺从型人格的人，要有意识地否定自己意识中创造的形象，并且从正面消除它。自己心中的枷锁，就要从正面去打开它。如果你已经习惯于压抑自己的想法而不敢去表露出来，对自己的感觉视若无睹，那么现在就是一个改变的时候了。

我们需要遵循自己的内心，尝试和自己的父母去做沟通，让他们知道你内心的真实想法。

有一种训练可以有效地帮助情感操纵中的受害者，让他们更有自信地应对对方的愤怒，那就是对最近一次因为害怕而屈服的情境进行重演。闭上你的眼睛，在脑中重复一次他们说过的话，然后想想自己说了什么：当时的不安、加速的心跳、软弱无力的双腿，还有你灾难般的想象——他们即将控制不住自己的愤怒，就要对你造成伤害。现在让画面重播一次，但这次，你看到对方的怒气膨胀之际，请将画面做些改变。你要坚定而清楚地说："不！这次我不会让步的。不要再给我压力了！"重复这些话，直到他们被说服为止。大部分的人一开始都不太有把握，但你要听听自己话中的力量，感受一下自己有多坚强。是的，你是可以说出这些话的，这些话也会给你力量的。

只要你愿意，可以随时把生活中许多情感勒索的场景改写成你想要的样子。释放你的想象力，去体会一下说不的感觉。这种练习对曾经面对施暴者的受害者格外重要，因为他们是最让人感到恐惧的类型，恐惧是他们

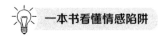

操纵受害者的工具。

可是，自己的这种被否定的形象来自来哪里？可能是从小原生家庭造成的顺从型性格，习惯了被否定从而不再敢反抗，可能是在亲密关系中对方是一个操纵者，而你是一个被打压以后失去自信的人。

不管怎样，与其否定自己，不如和否定的过去说再见。我们需要为之而战斗，和情感暴力的加害者抗衡，是和过去的自己告别的最好机会。虽然和过去告别是比较困难的，但是我们必须勇敢地迈出这一步。正面对抗是你从过去解脱出来的唯一办法，你必须告诉自己战斗的决心，一定要面对面地和榨取型人决一死战，无论如何也要斩断你们之间的关系。这样你才能获得自由，你才能做最真实的自己。

向对方说"不"以后，如果对方依然对你进行操纵，那么下一步就是脱离这种环境和关系。如果你觉得这段关系没有修复的必要，最简单有效的方式就是脱离。结束关系需要很大的勇气，有些人害怕分手后遭到报复，有些人害怕离婚后没有经济来源，有些人害怕孩子没有完整的家庭，有些人害怕被人说闲话等。可你想一下，如果对方威胁到了你的生命，你命都没了，其他的顾虑还有什么用？

当你觉得脱离一段关系有困难的时候，不妨读读下面这几条：

1.觉知自己头脑与身体的分裂，知道很多时候头脑发出的声音并非自己的，而是控制者在说话。

2.告诉自己，你要做什么事，常常有一个理由就够了——我想这么做！你不需要说服别人，不需要别人批准。

3.在小事上开始和控制者对峙，如吃喝拉撒睡等方面，最好是找好一个点，持续地和控制者沟通、交流、对峙，一次次地向对方表示：我是我，我有自己的想法自己的选择。

4.对峙时，采取这样的态度——不含敌意的坚决。我很坚决地守住我的立场，但我没有敌意。

5.在一起时，对控制者有点耐心，特别是他们失控时，因为有可能会伤害自己。

6.你可以远离控制者。让你不能远离的，可能是你内心有严重的内疚感，你觉得远离他们，他们会死掉；但如果你持续不离开，被这种内疚感绑架，你就会死掉。

当然了，斩断一段关系，总会带来一些悲伤和痛苦，但如果你继续这段关系，你就要放弃自尊、自由和人格的完整，这对你来说也是无益的。

抵抗之后会出现两种情况：一种是关系得到改善，你们会走向健康、平衡的新关系中；另一种是对方可能放弃，转而去寻找新的被操纵对象。

当对方操纵力度加大的时候，意味着会有更多的危害，所以你一定要积极想办法寻求帮助。

真正走出被操纵的途径和方法

有不少人无法摆脱被情感操纵，其中有两个原因：其一是操纵者太过强大，使被操纵者无法逃离；其二是被操纵者有太多的顾虑，觉得离开这个人会给自己带来很多损失。比如，受害者明明知道这段关系令自己不舒服甚至有危险，但真正想到要结束这段关系依然会想"我再也没法遇到像他这样的人了""我再也不可能和一个这么令人兴奋、这么合拍、这么性感、这么完美的灵魂伴侣在一起了"。或者"我再也不会有这么好的工作了。我再也不可能找到一个和我的才干、能力、目标和梦想如此完美契合的岗位了"。或者"我再也不会有这样的朋友了——一个如此了解我、和我共同经历了那么多事情的人"。受害者或许是夸大了自己的损失，但这却是摆脱情感操纵道路上常见的拦路虎。现实的情况应该是摆脱一段不正常的亲密关系和一位操纵你的人，你可能会遇到另一位更好的人，找到一份更好的工作，交到一位更好的朋友，获得不亚于之前那位操纵者带给你的那种快乐，甚至更多。家里的问题也有解决方案，比现在的情形要让人满意得多，只是你暂时想不到而已。你也许会发现，现在你看重的事情不一样了，或者可以通过更好的方式得到自己梦寐以求的东西。也许你完全正确：放弃情感操纵式的关系真的会失去一些你再也无法拥有的东西。但问题是，你并不确定一定会那样。你唯一能确定的是，现在所处的这段关系打击着你的精神，正把你生活中的快乐一点点地榨干。

人长期遭受精神打压，容易感到压抑、不快，甚至发展为悲观绝望、度日如年、痛不欲生，感觉"活着没有意思""生活没有乐趣"，这时可能已经发展为"抑郁状态"，需要及时向精神科医生或心理治疗师寻求帮助。然而在现实生活中，很多人并不会觉察到自己的精神状态已经达到病理性的程度，而是认为"我遇到糟糕的事情了，状态当然差"；也有些人虽然发现自己出现了抑郁，但却坚信病根是在关系上，"病根不解决，自己的抑郁也就好不了"，因而不去寻求专业帮助；还有些人会感到愤怒，认为"病因在别人，不是我有病，凭什么让我进行治疗"。

不管病因是什么，当你的情绪"病"了，就要为自己的心理健康负责。尤其是在病因一时无法处理的情况下，评估自己的情绪状态，寻求专业帮助，尤为重要。

大量案例证实，被 PUA 的人能靠自己走出来的可能性很小，很容易走出来的人也不会轻易被控制，这个因果关系就是这样。但也有成功走出来的人，比如有一部电影叫《我们之间的妻子》剧中的主人公就是一位被丈夫 PUA 的人，但是她成功实现了自救。当时她发现自己被操纵以后并没有消沉和任由自己荒废下去，而是选择了一个"替身"，也就是物色了一个新的女朋友，制造一切机会让她靠近自己的丈夫，最后让丈夫出轨并主动提出离婚。在丈夫准备跟"替身"结婚的时候，她又主动出来用方法让前夫现出了操纵者的本来面目，成功地阻止了另一个女孩成为像她一样的受害者。

电影故事告诉我们，走出 PUA 是有途径和方法的，只要积极去想办法就能实现自救。但是摆脱 PUA 最大的难点也在于此，靠受害者自身很难达到效果，多数是受害者被对方逼到了悬崖边上，有的人为了解脱不得已跳下去了（就像新闻中那个北大女孩选择自杀），但也有一类人怕死，所以在死亡和离开操纵者之间选择了逃离。所以，对方逼得你受不了的时候你可能会清醒，也可能会选择一了百了。真正实现自救的往往来自清醒，而这个清醒也需要一个过程，这个过程的核心就是"不再惧怕未来"。最初离开的人往往会有一段时间的痛苦，精神上会受不了，忍受不了各种落差，比如金钱上的、情感上的、精神上的空虚和对未来的迷茫。从而选择走回头路，重新返回到那段糟糕的关系中。

那有什么办法能实现真正的摆脱呢？唯一的办法就是把自己的生活填满你的脑子，有一个结束情感控制的女孩曾经对心理治疗师讲，她最初选择离开的时候，每天也会想到与男朋友在一起的种种好，还有自己被打压以后的不自信，会时时冒出一个"离开他我会怎么办？""除了他还能找到更好的人吗"这样的自我摇摆，后来她选择一切从零开始。选择重新投入工作和学习，尤其是大量地学习新事物，走出去社交。女孩选择了学习金融知识、英语、听书，睡觉的时候听各种有声故事，学习心理学的课程慢慢重新搭建自己的人格体系。在她把日程排满后，发现日积月累的学习，让她的内心越来越自信和充满希望。

每一个情感操纵的受害者在那段关系中只有 TA 和操纵者两个人的事，

所以大部分时间都会回忆起他们之间的点点滴滴，有时候会不断回忆自己哪件事做得让对方不满意，想着如何改正才能变成对方所说的优秀。当受害者把这些时间用在回忆之前的话，依然是对未来恐惧的状态。只有通过学习和工作努力融入新的生活，才能渐渐找到安全感。完全走出来以后，你会发现生活里连空气都是甜的，世界每一处都值得多看一眼，每一分钟都不想浪费。

如果一个人陷入PUA无法自拔的时候，往往是找错了方向。TA可能是在不断地寻找昨天的意义，当一个人不断地去寻找昨天的意义，那TA就会在放弃这段感情和不放弃这段感情之间左右摇摆。如果TA能放弃寻找昨天的意义，寻找今天的意义，比如说一个学生要把今天该学的功课学好，一个职员把今天该做的工作做好，这个时候TA就会觉得今天的生活是有意义的。当TA觉得今天的生活是有意义的时候，TA的精神就被赋予了力量，当TA精神有力量的时候，TA就有可能对抗对方给自己的PUA。

在摆脱操纵者的时候，也要提前预判操纵者可能会采取的过激行为和手段，懂得为自己留有后路，要为自己准备好私房钱，以备不时之需。找好安全住所或去处，保证自己的人身安全。要准备好逃跑方式，及时撤离。一旦你决定这样做了，可能需要预先了解一下可能发生的情况：

第一，彻底斩断与对方的联系不会是一个容易的过程。因为长期遭受精神操纵，个体常常处于"心理失能"的状态，即倾向于低估自己的能力，自尊心和自我效能感也极低。此外，PUA式的关系可能会造成依赖共生（co-dependent），这使得分离变得极其困难。

第二，最终脱离险境之前，你可能会有数次不成功的尝试。大多数包

含虐待 (无论是身体上的还是精神上的) 的关系都是非常难以结束的，在真正摆脱对方之前，受害人可能需要 5~10 次的尝试。

如果你已经明知自己需要离开，但又怪自己不争气反复与其拉扯，不必气馁，这是过程的一部分。继续专注于你的目标，认识到脱身之路的障碍 (情感上的、经济上的或其他方面的)，并从朋友、家人或心理专业人士那里寻求支持。

V

摆脱被操纵后的
心理疗愈

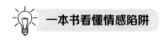

识别心理创伤重获勇气

大部分能够摆脱情感操纵的人，相当于冲破迷雾，拒绝被虐待，那种即将让生活步入正常的状态就会回来。从前占据你心中的困窘与自责，也将会被一种自信与自尊的全新感受所取代。在你学习及利用一些技巧抵御情感操纵者的威胁时，你其实是在重塑你存在的核心——自我完整性。你曾以为失去了它，为它哀悼，但其实它从未消失，只是被你扫到了无人记得的角落。它，一直在等着你。

但也有很大一部分人即使脱离了那段关系和让自己恐惧的人，但依然会陷入周期性抑郁和极端焦虑的状态，这是被操纵留下的后遗症，需要找心理专家来治疗和帮助自己重获生活的勇气。

或许你习惯取悦他人；或许你读到了所谓的阿特拉斯综合征，并觉得那很符合自己；或许你对愤怒避之唯恐不及。因此，在开始采取拨云见日的行动之前，你需要先明确自己对什么因素最敏感。你可以参考以下列表。我会屈服在某人的压力之下，是因为：

我怕他们的责难；

我怕他们生气；

我怕他们不再喜欢（或爱）我，甚至会离开我；

这是我欠他们的；

他们为我牺牲了那么多，我不能拒绝他们的要求；

我如果不答应他们，会觉得十分内疚；

我如果不答应他们，就是个自私／不体贴／贪心／吝啬的人；

我如果不答应他们，就不是个好人。

如果在以上列表中你选择了三个或以上，说明你的心还没有真正敞开，你还处在恐惧和不自信，甚至自我否定中。

如果你是以别人的赞同或责难来评判自我价值的，那么只要一引起别人的不悦，你就一定会责怪自己，认为根本原因出在自己身上。

重获勇气要让自己不再恐惧他人的不认可，你必须了解自身的价值，你要明确哪些是真正属于你的，哪些是外部力量强加给你的。这意味着你清楚自己重视自身的哪些品质，并有勇气与责难对抗，坚持自己的信念与渴求。

首先你不要再去攻击自己，如果你自己都不爱自己，怎么来阻挡别人来糟践你呢？所以，真正的生活勇气就是在脱离那个时刻打压你的环境之后，学会爱自己，发现自己的差异性。我们每个人都是独特的生命，生命就不可能是标准化的。就像山山水水、花花草草，它们是不一样的。

不要立人设，也不要羡慕别人，接纳自己，认可自己与他人的差异性。一个放弃了自身差异性而迎合大众的人，是没有自身魅力的。

当你遇到了某种烦恼时，需要回到意识层面去检查是什么意识导致了现在这样的情况而不是纠结在这个事实上，否则这个问题永远无法根治，因为你的意识为自己建造了一个 PUA 圈。

PUA 并不是一无是处，它带来的不是只有痛苦。痛苦背后的信息是让你彻底离开 PUA 的秘密，只是我们往往仅停留在痛苦的情绪上无法自救。痛苦是你内在发来的信号，它不是为了伤害你，而是想让你醒悟。当你所有的认同感、价值感都来自别人时，这不过是在用别人的肯定来填满自己内在的自卑和焦虑，这样做的问题是，你把自己的所有权力都交给了别人。并且内在的自卑与焦虑并没有从本质上改变。如果没有别人的肯定与赞美，你就没有价值了？你为什么想向别人证明你的价值？灵魂来地球体验的目的是成为自己而不是成为"别人眼中的自己"，你无须向任何人证明"自己是什么或不是什么"，这种不证自明的底气来自对自己的全然了解与接纳。

所以，全然地、多角度地、彻底地认知自己、接纳自己、调整自己，追寻自己的喜好，自由地成为自己，才是真正获得勇气的方法。

脱离了被情感操纵的环境还不算真正的断离，让自己重新变成一个正常的、健康的、积极的人，拥有正向的思维才是真正的重生。具体要重塑哪些思维呢？

第一，纠正取悦别人的思维。人一旦有了取悦别人的思维，就会损害自己的利益，这样就会让人陷入不自信、无自我、没有价值的境地。所以要改正这种思维，先想想怎么让自己舒服和快乐，拥有自己的强硬思维，用新的强硬思维来思考。比如"凭什么别人就是对的？""我为什么要变成被人揉捏的软柿子？"不要总去想"我应该如何去做对方才会满意"，而要变成"我应该选择怎么做才会让自己更舒服"，当用一种新的强硬思维来思考时，也就意味着你已经从过去被操纵的状态彻底走了出来。

第二，纠正渴望被人肯定的思维。有一句话叫"我不是人民币，所以做不到被人人喜欢"。所以，一直渴望被人肯定证明自己内在不够强大，对自己不认可。一个内在很强大的人对外面别人的评价拥有免疫力，虽然被肯定的话语人人都爱听，但如果对方说的不是肯定的，我也无所谓，因为我知道自己是谁，有哪些优点，这些优点别人看不到但我自己认定我就是那样的人。如果渴望得到别人肯定而放弃自己的人格和主权，这样的代价就太高昂了，且会让自己被情感操纵！实在不值得。

第三，纠正恐惧思维。人之所以受控于别人多数是因为自己的内在不够强大，害怕别人的威胁或恐吓，这样在无形中也会助长别人的气焰。不够自信的人、胆小的人，往往是情感操纵者最喜欢的目标。当你从一段情感操纵的关系中脱离以后，要慢慢学着让自己胆大起来，因为生活中难免还会遇到不同的人，建立新的关系，如果自己总有一种恐惧思维在作怪，就会自然而然形成胆怯的性格特征，这样不利于新关系的建立和让自己重获勇气。所以，告诉自己不用害怕冲突，且要从每一次的冲突中找到建设性的经验，从而应对下一次的冲突，用这样的新思维来思考，会让你更懂得与人相处。

第四，纠正不自信不敢拒绝的思维。不自信的人在别人的眼中就像是软柿子，因为他们害怕拒绝别人引起别人生气，怕别人认为自己是个不好的人。这是错误的！我们要用强硬的思维来告诉自己："我不可能对每个要求都说好，我有权利拒绝，有权利选择将宝贵的时间与精力在何时分配给谁，我会将我的拒绝以尊重但肯定的方式表达出来。如果其他人要对我生气，那是他自己的选择。"当我们能够用这样的方式去拒绝别人无底线的要求时，我们不但没有削弱自己的价值，反而让别人无法操纵我们。

第五，纠正没有边界的思维。很多被操纵的人往往是缺乏自我边界的人，所以当别人冒犯自己的时候才不知道对或错，在面对很多问题的时候，才会让别人的想法强加在自己的身上。如果想要别人尊重自己，你就必须要把自己的个人边界说清楚，你有自己的需求，而不是只想着如何让别人开心。

第六，纠正自我信赖感缺失的思维。自我信赖不足倾向于利用别人的建议来支撑决策过程，容易让结果混乱不清，但我们有这种思维的时候，应该第一时间考虑自己的想法，然后去问真正信任的人的意见和建议。我们都知道，参与决策的人越多越容易陷入泥潭，这样的结果并不是我们乐意看到的，而且这些都是别人操纵你所做出的决策，并不是你自己真正的想法。

第七，纠正外控型思维。与外控相对的就是内控，也就是改变自己。内控型的人就是相信生活中发生的事，更多的是自己所能控制的，而非由别人或者外部因素引起的，也就是相信自己。你要真的相信你能改变，你才是生活的主角，要用这样的想法去思考和行动。

通过纠正以上思维，可以缓和自己受虐后形成的心情。只要控制好情绪，今后主宰你的将是逻辑，而不再是恐惧和焦虑。

林语堂说过："自己永远是自己的主角，不要总在别人的戏剧里充当着配角。"不管现在的你处于一种怎样的境地，只要你足够了解自己，相信自己，了解你身处的关系，你就能开始重建自己，夺回在关系里作为成年人的权利。世界是自己的，心情也是自己的，当你找到内心的平静时，就能从容地面对生活里发生的一切幸与不幸，当你养成不依赖另一个人，有独立思考的能力时，也就慢慢地找回了属于自己的幸福人生。

如何培养一段新的关系

情感操纵中的受害者由于被打压和情感虐待以后，会有两种状态：一种是虽然能够走出来，但却很难在短时间内相信别人，尤其是重新培养一段新的关系。另一种是由于怀念亲密、陪伴和缺乏安全感，所以会在一段关系结束后不久，迅速展开一段新的恋情。

这两种状态都不是一个健康的状态，不相信别人和快速找到情感空虚的替代，都是对自己的不负责任。不相信别人代表还没有完全让受害的心理康复，而过早展开新的恋情，这段关系也可能是失败的，虽然许多女性都明白这点，但却因渴望被爱和被保护，义无反顾地投入到新的关系中。

如果你是一个刚刚结束情感操纵关系的受害者，当遇到一个新的交往对象时，你要给自己列出以下问题，比如：

你是否已做好准备，是真心想和对方在一起吗？

对方是否很轻易就向你承诺，比如他希望你只和他一个人约会、同居、结婚？

对方是否很在意你的财产问题？

对方是否在意你曾经的恋情，以及是否将你当作"更低一等"的人看待？

对方的嫉妒心和占有欲强吗？

你敢和对方说"不"吗？

你在心里会拿这个人与之前操纵你的人做比较吗？

他是否理解你之前的遭遇？

他对你曾经的"另一位"是出言不逊吗？

他对你的需求在乎吗？

他会让你觉得自己低人一等吗？

他是否在意你难过？

根据上面这些问题自问自答，如果答案不理想，你就要重新审视自己的这段新关系，也许新的伴侣和之前那个想要操纵你的人一样，并不是真正爱你。你要试着去表达自己的真实需求和内心的想法，看看对方是否能满足或理解。之所以要去这么做，是要让自己明白，新的伴侣必须尊重曾经受过伤害的你，而不是带给你新的伤害。如果想要成为好的、亲密的关系，对方必须尊重你的界限，理解你的需求。如果新伴侣表现出对你前任的愤怒和骂骂咧咧，表面看他是在乎你，但却不是一个好现象，说明这样的人也可能有暴力倾向，他的冲动和愤怒并不能帮助你，反而会给你带来新的恐惧感。所以，要鼓励你的新伴侣，让他多帮助你重塑对爱的信心，而不是去伤害曾经伤害过你的那个人。

从情感操纵中走出来的人，不要怀疑爱情是否真实，不要怀疑遇到的这个人会不会还像以前一样。看一个人是否真的爱你，是有参考依据的，比如：

真心爱你的人，会为了你变得更好，他会变得努力上进，尽可能地带给你好的生活，也会鼓励你去变成一个更好的人，而不是百般挑剔和打击。越是爱你的人，越会愿意为你改变，会变得上进，不让你委屈吃苦。

如果一个人跟你在一起，什么长进都没有，反而是依赖你，这样的人根本不爱你。或者他为了依赖你，特别在意你有没有钱，通过各种方法和你借钱，花你的钱，这样的人绝对不是爱你。真心爱你的人，是会不自觉地去付出，会为了未来考虑，而不是得过且过，只懂得享受。没有责任和担当的人，说白了就是不够爱你。

如果一个人爱你，他做的比说的多，不会把爱天天挂在嘴上，但却能够用行动表示出来，把爱落实到实际。

如果一个人爱你，他往往是行动和言语一致的人，他不会言行不一致，更不会出尔反尔，说过的话不承认，尤其是担责的事，他说了不算，这样的人一定不是靠谱的人，更谈不上爱。

爱是信任、理解和接纳，如果一个人爱你，他就会相信你，而你也会从对方的信任和在乎你的程度，看出他的真心。那种什么都只考虑自己的人，说白了他爱的只有自己，根本没有你。男人嘴上说爱你，行动上却做不到，这样的人就应该趁早远离。爱是无条件地相信，是会坚定地选择站在你这边。

爱是心疼和呵护，如果一个人爱你，他会在一些小事上表现出对你的在乎和心疼，他会时时处处呵护你，不想让你受到委屈，更不可能让你受到伤害。那些会在日常生活中懂得去心疼你，会帮忙承担生活的重担，尽可能宠着你的人，自然是爱你的。发自内心的心疼，就是最真心实意的爱。

爱一个人会主动去关心，如果一个人爱你，他会在意你的感受，你在与他相处的每一个细节里感受到的不是压抑，而是心安与踏实。他会主动和你分享自己的生活动态，也不干涉你的生活。所以说，当你发现什么是真的爱，什么是危险的信号，才会真正了解一个人，然后开始一段美好和谐的感情。

身体恢复与情绪疗愈

　　一个人处在被情感操纵的状态中，不仅心理受到摧毁，身体也会不同程度受到伤害。人的心情决定身体健康，一个受情感控制的人往往身体也会垮掉。比如常见的问题有，免疫力低下、饮食失调、抑郁焦虑、不明原因的全身疼痛、情绪严重低落、自我封闭等。

　　脱离情感操纵环境中的人要如实地面对自己的健康状况，比如要进行血常规检查或进行全身体检，要积极地去看医生，做一个全面的身体和心理评估。比如排除一些本身器质性的病变，才能找到真正心理上的症结。这样对于心理和情绪的治疗才更有意义。那些被情感操纵的人，往往伴有抑郁和焦虑，表现在身体上的症状就是不明原因的疼痛。如果你发现自己患有慢性疼痛、消化问题、偏头痛或其他身体症状，请照顾好自己。

　　身体上的恢复需要有一些方法，比如先从调节心情开始，然后有规律地进行运动，再从心理虐待中恢复。早期阶段运动是最好的方法，在此过程中，大脑也经历了良好的化学运动。在这一阶段，可以考虑短时间的运动，如每次20分钟。在恢复的开始阶段，大量的运动并不会有帮助，原因是大多数受害者在身体和情感上都已经筋疲力尽了。他们经过一段非常糟糕的感情体验以后，往往身心俱疲，高强度的运动往往吃不消，需要慢慢来，可以从轻微的运动到慢慢加量。也可以尝试瑜伽和游泳、散步。

瑜伽通过促进身心灵的和谐统一，可以提高生命的质量。在练习瑜伽的过程中会逐渐体会到内外净化，慢慢屏蔽痛苦，逐渐学会控制内心情绪，心态平和，对周遭的事物也慢慢消除敌意与偏见，为人处世态度更加友善，渐渐乐其所得。另外，也可以通过冥想进行自我调控，一方面是意志的培养，另一方面使其获得宁静与专注，逐步解决内心的冲突，挖掘内在的自我愉悦感与幸福感。冥想练习反映为对自我、外在与内在精神的观照，这在某种程度上可以清晰自身与别人关系的认识，最终使内心趋于平静、平和。

不管选择做什么运动，尽所能地坚持下去。如果还没有开始运动，那就设定一个目标，第一周做一次；第二周试着做两次；第三周试着做三次。之后保持每周三次的频率，直到你的能量恢复并保持在与你认为的健康和正常值接近的水平。低到中等强度的运动对大脑也有好处，这种程度的运动能使大脑的内部发生化学变化，有时甚至可以部分替代抗焦虑和抗抑郁的药物。对许多人来说，这类药物有很大的帮助，这也是它们被研发出来的初衷。但是，如果你能通过运动使自己的情绪获得提升，将是更好的选择。

除了身体的康复之外，情绪的疗愈也是重中之重。

所有的情绪，都具有突发性和短时间性这两个特征。情绪的产生，通常是由于受到外界环境的刺激，然后，人体进入情绪预备状态，在这个预备状态里，如果没有进行有效控制，情绪就会爆发出来，难以控制。一般人认为情绪难以控制，是因为我们在情绪升起时，正处于心理的自驾驶模式，所以就根本意识不到情绪的出现，这就导致情绪的爆发。还有些时候，我们意识不到是自己的观念出现了问题，或者对事情抱以先入为主的看法，把错误都推给外界，而不是反思自己，这也会给情绪管理带来困难。情绪失控，还在于我们对情绪抱有错误的认知。以往，我们认为负面情绪都具有破坏性，所以，当负面情绪出现时，我们不敢面对，并且还尽量地把负面情绪隐藏起来，这样就导致负面情绪的失控。

任何一个人若不能把情绪处理好，就不可能好好地活在当下，也无法让自己处在平静的状态；既不能善待自己，也不能关怀他人；即便闲暇之时，心中也会一直翻腾着后悔过去、担心未来、不满今天的情绪，并深陷其中；当然也很难拥有抗挫折能力。

遭受心理创伤的人情绪一般很低落，对什么都提不起兴趣，情绪恢复也会有一段时间，并且每个人的性格不同，表现出来的情绪状态也不同，所以恢复阶段要找到一个适合自己的方法。

内心恢复平静的过程也非常个性化，需要花更多的时间来思考内心的平静对自己来说究竟意味着什么。你能从过去没做过的事情中获得快乐吗？也许你发现自己的生活已经变得更真实、更丰富多彩了。也许与绝望阶段那深沉的黑暗相比，现在已经多了一些闪亮而快乐的微光。情绪恢复健康将会给幸存者带来一波又一波的新鲜感。如果你能对这些充满希望的嫩芽悉心栽培，美好的生活将会很快到来，那些沉重的、灵魂被折磨的生活也很快会被取代。恢复对幸存者来说是一个非常棒的阶段。

情绪主宰着健康，很多时候，我们都有这样的体会，如果心事重重，情绪不好就会感觉自己打不起精神，如果开心了觉得身心都很舒畅。

所以，不要小看情绪对健康的影响，我们每个人都要学会管理情绪，这相当于给自己的健康未雨绸缪和保驾护航。

"情绪"两个字的构成也十分的有意思：情——竖心旁紧接着一个青涩的青，理解开来就是青涩的 、没有成熟的、不够稳定的一颗心；绪——绞丝旁紧接着一个者，理解开来就是一个人被紧紧地束缚着、牵引着、捆绑着。多么的形象贴切啊！回想起来，其实生活中 99% 的坏心情都是我们被自己念头牵引而不自知带来的。而破解的唯一的方法就是保持觉知。告诉自己坏的事情已经过去，美好正常的生活正在向自己走来，让心打开，让情绪释放，真正让自己快乐起来，身体才能健康。

亲人朋友和专业人员对被操纵者的帮助

　　被情感操纵的人在很大程度上已经产生了一些不健康的人格特征和心理认知病态，所以单靠受害者一个人的力量来成功扭转被操纵的局面其实很难，所以亲人、朋友对被操纵者的帮助十分重要和必要。

　　那些被操纵的人很少和亲人朋友来倾诉，一方面是操纵者强大的控制手段，使受害者在一定程度上已经脱离了自己的生活圈子，这些圈子当然最主要的就是亲人、朋友。另一方面是受害者不愿意让亲人跟着担心，往往会把自己的状态隐藏起来。但是无论是哪种状态，受害者总会有不正常的情绪和行为表现出来，亲人和朋友要善于去觉察，及早发现，尽早帮他们摆脱困扰，帮助他们早日过上正常的生活。

　　如果被操纵者是你的家人或孩子，看到他们在情感操纵中受到折磨，一定会让你倍感心痛，甚至恨不得惩罚操纵者，或者陪着受害者落泪或难过，但不管怎样，想要帮助受害者脱离和恢复正常，就需要拿出一定的时间，对他们提供有价值的帮助。

　　受害者由于持续受到打压和控制，本身会变得不自信，甚至会否定自己，对别人总是感觉内疚，既害怕操纵者又不想结束这段关系。如果你想帮助对方，就不要强迫 TA 快速做出改变，要让 TA 慢慢走出来接受你的帮助。可以遵循以下的一些建议：

· 以一种客观的方式让 TA 知道你在关心 TA。随着时间的流逝，如果你和受害者足够亲近，请在确保你们的对话未被监控的前提下，向 TA 表达你的关心。

· 问问受害者你可以做些什么来提供帮助，而不是全盘接管。你可以帮 TA 的生活变得更容易一些，让 TA 更有力量一些。但是要言出必行，请不要承诺自己能力范围之外的事情。

· 不要告诉 TA 该怎么做。TA 最清楚自己的处境，比任何人都有能力评估自己的安全情况。你如果直接告诉 TA 应该怎么做反而会加重 TA 对自己的不自信。

· 耐心地倾听，不要一股脑地抛出许多问题。TA 可能会对自己的某些经历感到羞耻，可能要花很多时间才能和他人分享这些痛苦的经历。

· 允许 TA 表达自己的各种感受。TA 可能还爱着操纵者，相信操纵者也依然爱着自己。TA 可能仍然依赖着对方，担心自己一个人不能生存下去，甚至 TA 可能会担心操纵者过得不好。请告诉 TA，这些情感都是正常的，会随着时间的流逝而渐渐变淡。即使你觉得操纵者是个一无是处的浑蛋，也不要过于强烈地批判对方，否则受害者可能再也不敢将 TA 对操纵者的感情告诉你，或者因你严厉地批评 TA 的爱人而心生怨恨。

如果你是受害者的亲人和朋友，最好寻找机会与受害者保持社交联络，并且帮助 TA 获得更好的自我感受，时刻守护在 TA 身边，让 TA 明白在操纵关系之外，TA 可以生活得更好，帮助 TA 记住和形成自己的观点和视角，你的关心能帮助 TA 感觉自己是有价值的、不孤独的。帮助 TA 体味一个自由人的生活，当 TA 感觉更有价值、更有力量时，你也就抵消了操纵者传递给 TA 的一部分负面影响。你可能非常珍视 TA，但给予 TA 太多建议并不是一个明智之举。专业人员每天都在处理各种各样的情感操纵事件，发现一些人也许能提供很多例子来说，很多人建议朋友去申请限制令，但对有些受害者来说，这是非常危险的，可能会引发更多、更严重的暴力。

如果你是受害者的亲人和朋友，要鼓励 TA 去寻找权威的机构专业的帮助。如果受害者愿意，请陪 TA 参加人生的第一次会谈，允许 TA 和工作人员单独交流，如果你们所求助的心理咨询师十分擅长处理情感操纵的问题，将会有效缓解受害者的焦虑或抑郁症状。如果受害者感到恐惧，那么就有报警的必要。总之，这些选择都应由受害者本人作出，而非你强迫所为。

受害者因为受到了操纵和威胁，很难配合专业人员调查和起诉。受害者可能会选择继续和操纵者住在一起，将这当作是最安全的方法，受害者还可能原谅操纵者的所作所为，相信这一切都是操纵者口中的"爱"。我们不能责备受害者，因为有时候，专业人员只是从自己的视角出发，误解了受害者，他们只看到一个半路逃跑的女性被操纵者跟踪，并责怪受害者没有跑得远远的。

专业人员通常认为自己提供的帮助是最好的，常忍不住告诉受害者应当如何做。对局外人来说，事实是显而易见的：受害者应该离开这段关系、提出诉讼、与操纵者切断所有联系等，但你不能告知受害者应做些什么，因为这样无疑是对 TA 施加了另一种形式的操纵。受害者比任何人都了解这段关系的复杂性和危险性，我们必须搞清楚"帮助"和"接管"的区别，避免越界。最好的帮助是在相互尊重的基础上提出问题，提供求助资源和建议，允许受害者自行作出决定，如果你尊重 TA 的选择和判断，就应该帮助 TA 重建自信、重获主导自己生活的能力。

建立高自尊人格，彻底摆脱被控制

情感操纵的受害者总是不自觉地陷入"低自尊"的怪圈，将一切问题归咎于自己，总结下来就是三大核心心态：

我不值得被爱；

没有人帮助我；

我没有价值 / 我做不好。

这种心态导致的结果往往很容易成为操纵者的目标，也容易陷入被情感操纵的状态中无法自拔。

要想彻底摆脱被操纵或者将来不会成为被操纵者，唯有建立高自尊人格体系，才能拥有对情感操纵的有效防御。

那么，什么是高自尊的体现呢？

第一，是自爱。自爱是一种高贵的心态，无论自己表现得好或不好，内心深处都有一个笃定的声音告诉自己，"我值得被尊重和爱"，这种声音是一种自信与乐观的最好体现。自爱人格的形成在很大程度上取决于从小成长起来的原生家庭中获得的爱与尊重，以及被爱和呵护滋养而形成的。

每个人都会遭遇两支箭的攻击，一支是来自外界的苦难与挫败；另外一支是自我攻击，它是我们的本能反应：批判、自责、怀疑和内疚。第一支是外伤，第二支是内伤，也就是自我惩罚，自己和自己过不去。自爱的人不跟自己过不去，既不要陷入受害者的模式不能自拔，又不能陷入过分自责的怪圈，而是能够审时度势，学会客观理性地分析问题。这样也是对自己的一个认可和了解。就像老子在道德经中说过的：知人者智，自知者明。胜人者有力，自胜者强。人们一直都很擅长了解这个世界，但不擅长了解自己。了解自己其实比了解这个世界更加重要。自爱的人既不会受到别人的攻击，也不会自我攻击，从而形成了一种非常坚强的人格特质。

第二，是自信和自我接纳。自信，是认为自己有能力在重要的场合采取恰当的行动。自信主要来自我们所接受的家庭教育模式和学校教育模式——通过具体的行动，我们得到反馈，得出"自己有能力胜任此事"或相反的结论。自信需要实际行动来维持和发展，平日里的小小成功对于维护自信是必需的。

一个自我接纳的人能接受自己和他人，不会为自己或他人的缺点所困扰，感到困窘与不安，他们能坦然地接受自己的现状，包括自己的需要、水平、愿望，同样也宽容地对待他人的弱点和问题，从容地生活。其自我接纳代表坦诚、真实，他们能真实地对待自己的感情，并坦诚地说出自己的感受，不掩饰自己，自然而单纯地表现自己。允许自己有不完美的地方，坦然接受自己的不足。真正的自我接纳是在发现自己的不足时，不会自责，也不会自暴自弃，而是允许不足的存在，然后用成长的心态和行动去改变自己可以改变的，接受自己改变不了的。

很多人，会觉得接纳自己的缺点太鸡汤了，明明是缺点，不是应该被"嫌弃"吗？所谓缺点和优点，都是相对的、主观评论的，缺点其实是"被放在不合适情境下的优点"，因为在另一个情境下，它们或许成为你的优点，所以最好的方式是，和平共处，然后努力拥抱当下情境里自己的优点。

做自己是一个动态的不断持续的状态，去不断升级的过程，是去做接近理想中的自己，可以称为"自己本来就是的样子"。当你越尊重自己的感受，跟随它去积极做事，越愿意表达自我，越会发现自己的能力，越能快速明晰自己想要的样子，到最后，你越有实力和底气去做自己。

第三，是自我观。自我观，是我们看待自己的眼光，对自己优缺点的评估——无论是否有根有据。每个人对自己的评价中，主观性都占了绝对优势，比如在旁人看来十分优秀的一个人，可能在他心里自己却是个一无是处的失败者。如果一个人对自己的评价和期待是积极的，它会成为一种内在的力量，让人经受住挫折考验，达成最高目标。拥有自我观的人能够学会不活在别人的眼里。把自己的力量逐渐收回来，所以最有效的办法，就是把关注点放在内在。不要把自己的好与不好建立在别人的认可与评价中，而是建立自己的自我评价体系，别人怎么看我，不重要，我自己怎么看自己，才是最重要的。在意别人的眼光，等于过一种讨好式的生活。而拥有自我观的人能够意识到，生活是自己的，不需要对谁讨好。我怎么过是自己的事情，别人有别人的价值观与评判标准，这个标准也许是对的，也许是错的，也许是善意的，也许是恶意的。所以，拥有自我观的人认可自己又不会被别人左右。

如何判断自己的自尊水平是高还是低呢?

首先回答三个问题:

① 我是否能全面、无条件地接受自己,不管是好是坏?（自爱）

② 我是否认为自己有能力采取恰当的行动?（自信）

③ 我是如何评价自己的?（自我观）

根据回答,你就能有一定的结论。高自尊者自爱与自信的程度更高,他们对自己的认知很清楚,会用肯定且明确的方式谈论自己,用积极的方式描述自己,对自己的说法基本前后一致,他们对自己的评判也比较稳定,一般不受环境和谈话对象的影响。

低自尊者自爱与自信的程度较低,他们评价自己时会使用更为谨慎的方式和措辞,他们的说法有时会前后矛盾,使他们看起来总是不太有说服力。他们常使用比较中性的方式谈论自己,使用模糊的描述来形容自己,对自己的评判不太稳定,常常受到环境和谈话对象的影响。

以下问题也可以辅助你了解自己的自尊水平:

你是否习惯性贬低自我?

你易于做出决策并行动,还是相反?

你易受周围人的影响,还是相反?

你易于坚持自己的选择,还是相反?

你对失败和批评特别敏感,还是相反?

当被人说到痛处时,你受到的打击是严重还是轻微的?

你是否有幸福焦虑?

当你被称赞时,会觉得尴尬还是轻松?

被情感操纵的人往往是低自尊的人，所以需要建立高自尊的人格体系。什么是自尊，自尊就是自我尊重的能力，它来自我们对自己的评价与肯定。一个低自尊的人，往往会认为我不配，我不值得，我很差劲。低自尊的人喜欢贬低自己，很容易变得自卑、敏感，最终他们就会成为自己所描绘的那样。而高自尊的人却认为自己是聪明的、智慧的、勇敢的。高自尊的人往往也是乐观的人，他们相信自己且一定会有所成就。

很多人很自卑，可能是小时候家庭的原因，比如经常被父母打击，就会变得没有自信。但是我们要知道，别人的评价并不能主导你认识自己。

无论他人如何评价你，那只是他们的眼光。我们要学会训练自己重新认识自己的价值，看到自己的优点，从而肯定自己。比如你可能没有显赫的外貌，但是你勤奋努力，这些也是你不可多得的优点。你没有殷实的家庭，但是你有足够爱你的父母或者其他亲人。换个角度看自己也是一种高自尊的体现。

如何习得高自尊的人格，有几个方法：

1.冥想，追溯童年最让你无助的心酸事。把它说出来、写下来。写下来一遍遍看，和你能信任的人一遍遍对话，直到你对这个事释然。就像看恐怖片，看到第18遍，也就不是恐怖片了。

2.与当事人对话，以你愿意的方式。找回你需要的公道。找不回，你也可以表达成年后的看法，为曾经无助的自己说出当时说不出的话。"你曾经XXX对待过我，这是错的。我告诉你，这是错的。你伤害了一个孩子。"

3.每回想一次，就对自己说一次：我捡起来一块碎的自我，现在我长大了一点。它整合起来了。它长大了一些。你可以把这些碎片中的自己在具体中想象出来。每次都穿越时光去拥抱他们，一个个破碎的孩子，在回想中，带他们回家。然后默念"我又捡起来一块碎的自我"。并在冥想中延展自己的心理地图和实体的自我的大小。察觉它在成长。

4.走出去，赤脚，站在土地上，深呼吸。看星空，然后感受你在众生中的小，又感受你在宇宙中的宏大与唯一。每个生命能够进化到今天，都是一件不容易的事，比起悲惨的人生，我们还有改变的可能，所以要珍惜拥有的，并相信自己是独一无二的存在。

用成长型思维引导自己

　　一个人的自信往往来自看到了自己的力量，我们需要学习用成长型思维来引领自己的成长。一个人的不断成长需要具备成长型思维，只要拥有成长型思维的人，才能拥有更广阔的人生。

　　心理学发现，具备成长型思维的人更具有潜力，无论生活发生什么，具有成长型思维的人会从事件中去反思我学到了什么，并且能够从错误和失败中吸取经验和教训。

　　与成长型思维相对的是固定型思维，固定思维很容易限制我们的潜能，更会让我们掉到自我限制的陷阱里。一个人需要打破固定思维，才能打开自己。

　　真正的高自尊都是具有成长型思维的人，我们需要了解到我们所经历的每件事都会给我们带来成长的价值，我们需要保持自己的定力，慢慢成长，累积自己的势能。

　　人生的成长并不是一蹴而就的，而是慢慢形成的，具有成长型思维的人会更容易淡定，他会知道所有的成功都不是短时间实现的，而是一个长期训练的过程。

当我们在成长中建立这样的概念与认知的时候，你就不会轻易羡慕别人，而是把所有的精力都用于自我建设上面。

成长可以贯穿人的一生，既可以是学业方面的成长，也可以是个人思维的提升。所以，一个人最好的状态是在不断的成长，提升自己的能力，增加自己的智慧，真正做到独立不依赖、不奢求、不争不抢、不攀比。

人一辈子有4次改变自己命运的机会：一次是含着金钥匙出生，一次是读个好学校找个好工作，一次是通过婚姻来改变自己。如果以上我们三次机会都没有了，那我们还有最后一次机会，也是唯一的一次机会，就是让自己变得强大。

当一个人拥有了成长思维，会把注意力放在自己身上，而不是天天放在老公和孩子身上。一个成长的人是一个拥有自我的人，会有自己的兴趣和圈子，会有自己的目标和方向。如果你没有自我，没有兴趣的话，你一定会把注意力放在别人身上。成长不一定非得干出多么轰轰烈烈的大事，也可能是读书读到觉得太开心了，或者去跳舞跳到很开心完全展露自己，这些都属于自我的兴趣与成长。当一个人在某一个层面上真的找到了自己的一个表达，然后在这个世界上能够占有一席之地，那样才能站得最稳。

成长的人，也是内心强大、睿智和勤奋的人，他们往往更会得到社会的尊重与青睐。

持成长型思维模式的人，认为人的能力是可以通过学习不断提升的，平时的待人接物，工作和学习过程中的攻坚克难，其实都是锤炼自身的过程。他们总是从成长的角度来看待自己面对的每件事，追求从做事的过程中收获成长的意义与快乐。他们虽然也注重结果，但更愿意从持续成长的角度来不断精进自己。

从日常的工作、生活和人际交往中，我们也很容易看出一个人的思维特点。固定型思维模式的人，每做一件事情都需要寻求认可，需要在他人的肯定中获得满足感和成就感。而拥有成长型思维的人则是能够用"变化"的眼光看待事物，能够进行自我肯定且不受外界环境的影响。

举个例子：

有个人特别倒霉。一出门车被警察贴条了，到了办公室发现迟到了，又被老板骂了一顿，跟别人开会又发生了争执，自己的意见被领导否掉了，晚上回家跟男朋友大吵一架。这个时候，你会怎么做？固定型思维的人的第一反应，就是今天"水逆"，今天糟糕透了，今天诸事不宜，我今天就不该去或者我这个人就不会跟人沟通。没办法，我干脆换工作，这些东西都不适合我。她有一系列负面的情绪产生，因为这一天真的太糟了。但是成长型思维的人会怎么想？我以后停车要注意，我要把自己的时间管理抓起来，我晚上定个闹钟要早一点起床。为什么开会的时候，领导会否掉我的意见，是不是我表达得不够清楚？我应该找个机会再跟领导表达一下，还是说我应该再完善自己的方案。

在我们不断成长的过程当中，我们要去激发自己对成长型思维的认知，并刻意地训练自己用成长型的思维来面对我们的生活。这时候，你会发现自己的消极情绪会逐渐减少，而积极情绪会上升。

拥有成长型思维的人，是一个不断修炼的过程，就是要不断地增加自我的理智认知，慢慢变成一个能够对自己负责的人。当一个人真正能为自己负责时，就会对别人产生警觉意识，从而避免被操控。

努力追求人格和经济的双重独立

如果想要避免被人操纵，心理强大是第一位的，但经济的独立也不容小觑，只有努力追求人格和经济的双重独立，才能真正实现与别人平起平坐，尤其是女人。只有这样，自己才有不被外界所扰的基础。比如赚钱的能力，男人如果能养你，你也愿意享受他养你，那没问题。但你一定要有赚钱的能力，若遇到情感背叛、遇到家庭危机、遇到严峻考验，你才能再度复活。

人格独立会让人有清醒和独立的思考，正确的认知和三观。特别是女性朋友，在真正意义上做到精神独立和人格独立，千万不要想着去依靠谁、依赖谁，一旦女性对对方产生了过分的依赖，从那一刻开始，女性就不再是自由的个体了，你会处处受到来自对方给你的束缚和限制，就像是给你上了一把枷锁，让你动弹不得。

新时代的女性要实现自我价值，离不开独立，既要有经济的独立又要有精神的独立。独立的女性对生活有更多的话语权，无论是精神独立还是经济独立，都会直接影响其思想的独立，反过来，思想的独立也能促进经济和情感的独立。

一个女人，不管长得多好看，多有才华，多有气质，当你把自己的幸福寄托在别人身上时，这辈子注定患得患失。所以，作为女人，要拥有独立的思想、独立的经济和独立的人格。

琼瑶说：维持婚姻之道，千万别为金钱吵架，经济独立是很重要的。丈夫并不是该养你的人，是该爱你的人。男人负责挣钱养家，女人负责貌美如花的前提是，自己有能力让自己貌美如花，而不是巴望着别人给钱。所以，经济基础决定上层建筑，此话一点不假。

某电视剧中有句台词是这样的：虽说有金钱买不到的幸福，但说这话的都是有钱人，我还是想先拥有金钱，再谈是否能买到幸福。虽然金钱可能买不到幸福，但有钱了就不会陷入不幸。

电视剧《我的前半生》里的罗子君，论颜值和气质都不差，但因为自己是个全职太太放弃了自我的进步，导致婚姻出现了问题。虽然表面看似自己只负责各种买买买，但内在并没有多少安全感，也防不住丈夫出轨，最后不得不选择离婚，因为经济不独立连孩子的抚养权都差一点儿被剥夺。丈夫有花心和不负责的一面，但最大的问题还是出在罗子君身上。她放弃了自己，把那个勇敢独立、坚强自信，有自己爱好和事业的罗子君给丢了。到后来，因为经济不能独立导致精神和情感也独立不了，还谈什么携手共进呢。

现实生活中，每个人女性都应该做到独立。

在电视节目《金星秀》上，主持人金星问杨幂："如果你想给你爸妈买一套房子，你会跟刘恺威商量吗？"杨幂想都没想就回答："不会的，因为我买得起。"

记者采访某女明星时问："你将来是否会嫁入豪门？"该明星非常霸气地回应："我不需要嫁入豪门，我自己就是豪门。"

这就是经济独立带给女性的底气。女性经济独立的意义在于，当你偶尔带父母去一家高档餐厅吃饭时，你无须在意菜单背后的价格；当你的父母生病时，你能带他们去最好的医院，接受最佳的治疗；当隔壁邻居家的阿姨炫耀自己儿子多么优秀的时候，你的父母也能够底气十足地说我女儿也不差。更大的意义还在于，努力的女人不会闲得无聊无事生非，也没有多余的时间在意别人。努力的结果还能形成一种积极的榜样力量给孩子以示范，最终靠着努力得到和获得幸福生活的底气和信心。

这样的女人，她们往往更会得到男人的尊重与青睐。

可以说，婚前，经济独立能使你获得一份有质量的爱情；婚后，经济独立能令你获得平等地位和丈夫的爱与尊重，以及一个长长久久的婚姻。另外，经济独立的人往往能够有更多的话语权，能够不受制于人。

培养有益身心的兴趣爱好

情感独立和经济独立之后，还应该有自己的兴趣爱好，也就是说，你要有能力取悦自己，享受时间的空闲。

女孩小 A 与男友分手了，男友总是对她各种挑剔和不满，觉得她配不上自己，受不了打压的小 A 选择结束这段感情。最初，她十分难过，总也走不出这段情感的阴影，十分黏闺蜜，觉得失恋以后闺蜜成了自己的救命稻草。有一天小 A 约闺蜜去看电影，闺蜜临时有事没有来，于是她只好自己怀着悲壮的心情去了，她想象整个电影院只有自己形单影只场面肯定十分凄凉。结果发现电影院里十几个人，有一半都是一个人在看电影。小 A 不由得开心地想，原来别人早都这么独立了。后来，小 A 去学了画画，一年后又学摄影和小视频剪辑。小 A 渐渐发现当自己完全投入到兴趣爱好中的时候，之前对于感情的耿耿于怀已渐渐释怀，也不再那么痛苦，对闺蜜的陪伴也变得不再那么渴望。她开始一个人独处，静静地画画，自己走出去拍大自然中的花花草草和小动物。兴趣独立之后的小 A，变得越来越自信。反思那场失败的感情，她再也没有埋怨过前男友。

如果说人的一生，可以通过选择、运气、基因，躲过很多事情，孤单与死亡是无论如何也躲不过的。一个人孤单时候的状态，才是他最真实的状态。有些人，社交时像个快乐的天使，孤单的时候却茫然不知所措，要通过不停地打电话、约饭局，对抗焦虑，甚至还有人在孤单的时候就想到死，在他们心中，一个人待着跟死没什么区别。

独立，就是不要把情绪交到别人的手里。我们最终的成长，是要看你孤单的时候，有没有专属于自己的兴趣与爱好可以做伴；能不能欢快地享受孤单，就像一朵花享受在夜晚独自绽放、独自芬芳。

即使相爱的人，也应该有不同的兴趣；即使爱你的人，也没有义务决定你将过上什么样的生活。有独立兴趣的女人，在爱情中更强大也更可爱，她们可以给自己养分，而不必宠物似的望着主人：带我出去走走吧。

最终，你会发现，那些从年轻时的小妞，慢慢成长为年长女神的，无论已婚还是未婚，都是兴趣独立的女人。刘嘉玲爱爬山，张曼玉爱唱歌、骑单车穿梭城市的大街小巷，钟楚红爱摄影，林青霞通过写作走出抑郁……

独立的兴趣爱好，在某种意义上是找到了一种最舒适的方式与自己相处，这是一种独特的快乐之道。并且这种快乐，不是购物那样短暂的愉悦，而是能够长久地激发自己的爱与潜能，是与生活扎扎实实地热恋了一场，不求结果、不计回报，过程就是最好的奖励。

关于独立女性的话题不断引起社会关注，很多电视剧都围绕着现代社会女性生活为话题而展开，比如《我的前半生》《三十而已》等。其实无论是全职太太还是职场女性，真正的独立往往是自己的选择，不能因为全身心投入职场或投入家庭而失去自我。

女人要发展一个自己的兴趣爱好，有自己喜欢做的事，才会对生活赋予更多的热情。你的日子如若单一，那就以手执笔，涂点颜色。女人必须要培养一些兴趣爱好，去积攒生活中微小的期待和快乐，这样才不会被遥不可及的梦和无法企及的爱打败。

一个人如果没有兴趣爱好，就会把对某个人的感情或家庭当成人生的全部，一旦某个人变心或感情出现问题难免会孤注一掷或觉得生命再也没有亮色。而一个有着健康的兴趣爱好的女子，很容易自我化解所遇到的困境，也更容易在心理上治疗自己。所以我们说，培养自己的兴趣爱好等于培养生命的活力，它非常重要。

有自己兴趣爱好的女人，她不会在意年龄，更不会在意任何人对自己的看法。她或许喜欢在下班之后去健身馆练练瑜伽、游游泳，而不是吃完饭就窝在电视前等8点档。她或许爱阅读、爱绘画、爱写作、爱摄影、爱拍小视频把自己细腻的感情融进文字和图画当中、写进网络自媒体里。在假期的时候，她收拾起行李，飞向热带的岛屿，去自己喜欢的地方。因为这些都是她自己的兴趣爱好，无关他人。有兴趣爱好的人，她不需要任何人都可以过得很充实，很丰富。这样的人，又有什么人敢去操纵她呢？

有一个朋友的兴趣爱好是摄影，她总喜欢自己旅游，摄像机走到哪里拍到哪里，有几次拍摄的作品还得过奖。她先生是做生意的，一年几乎无休，最初她也是围着丈夫转，每天打理好家等先生回来，也常常抱怨先生不体贴，不陪伴，不关心她。后来她终于想通，快乐不能寄托在别人身上，于是捡起了大学时候喜欢的摄影课，买了摄影器材开始学习专门的摄影技术。经过几年的学习，她已经变成了摄影的行家。但她是个闲不住的人，除了摄影，她还喜欢美容，索性就研究起美容来。先生看她有了自己喜欢的事情，不再整天缠着他，特别高兴，还给她投资做美容加盟店。把美容兴趣发展成事业后，她又开发出另一个兴趣——旅游。每年，她都会空出两个月，独自出来旅行。她已经把沿海城市都走遍了，每到一地，去美容院做个 SPA，体验过别人的服务，回去之后改进美容项目，客户也越来越依赖她家美容院了。老公看她玩得那么快乐，也要跟着来。她也不拒绝，眼前有好景，身边有爱人，一举两得。

兴趣独立是一种能力。有爱人陪伴的时候，能感受到其中的甜蜜和幸福。独自一人的时候，也能体会到其中的自由和快乐。兴趣独立的女人，牢牢掌握着让自己快乐的钥匙。你越会取悦自己，别人才更想取悦你。

有人说，兴趣爱好最大的用处，是你可以通过它培养自制力。

比如，你突然爱上了钢琴。表面上，你是在上面浪费了很多时间和金钱，但是钢琴会成为对你的约束，让你更专注地往上攀登。所以，当钢琴真的成为你的爱好，你会有一项意外的收获，就是你成了一个有自制力的人。这会实质性地影响你的其他事业，帮你重塑自我。画画、运动、瑜伽、美容，这些爱好都有这样的功能。它也能帮我们判断一下，什么才是一项真爱好。比如有人说，我的爱好是电影和音乐。如果你没事就刷个片子，戴着耳机，这不是爱好，这是消遣。爱好，它不是你生命之外的东西，而是你费了多少力气把它变成你生命之内的东西。

无论什么年龄，培养一两个爱好，会带给你长久的精神养分。有了这种养分，既是内在的滋养又是外在的铠甲，这就是培养兴趣爱好的根本意义。

后 记

不要以爱的名义绑架你爱的人

当我们爱一个的时候，我们总是觉得因为我爱你，我才这样做，不然我才懒得理你，你爱怎样就怎样吧。可与此同时，我们却常常忘了对方是否接受这种行为。这样的爱就如同对方爱吃梨，你非要给对方苹果，还要和对方说吃苹果的种种好处；如果对方不接纳，你就会说他不爱你。这样的爱最后只会让彼此不堪重负。

无论爱情也好，家庭关系也罢，都不能以占有和控制为目的。以占有和控制为目的的爱，即使被爱也是一种伤害，被这种爱包围得越久，被爱的人就越不能呼吸。松弛有度才是关系中最让人舒服的，所以我们要拿捏好其中的分寸。

就像有句话讲的：一份好的感情是让彼此变得更好，而不是遍体鳞伤。如果爱，就不要以爱的名义去绑架和操纵对方。只有这样，你才能真正享受爱情和亲情带来的幸福感。

就像《少有人走的路：在焦虑的年代获得精神成长》中讲的那样：爱

是为了促进自我和他人心智成熟，而不断拓展自我界限，实现自我完善的意愿。

爱是复杂的，也是矛盾的。我们常常会把很多不是爱的情感误认为是爱，比如陷入情网、依赖、操纵打压和自我牺牲等。爱时常是神秘的，有时候需要温柔，有时候需要严厉。但这并不意味着不断地付出和任人践踏。

以爱的名义试图改造对方一般是自私的、控制的、无爱的甚至是邪恶和不道德的，甚至是会触犯法律的。爱必须努力克制自己，才能改变我们想要改造对方的欲望，实现一种包容、接纳与了解的爱。

许多人把爱与行为画上等号，但矛盾的是，许多时候什么都不做，只是保持自然的自我，而不要时时在意做什么，就是爱的表现。

一段亲密关系的相处模式虽然没有绝对的正确，但是每对亲密关系中的双方当事人对权力分配的方式都不同，随着时间的推移，此方式还在不断变化。有的两性关系需要对对方施加一些操纵才能感到满意，有的则更期待相互支持、权利共享的亲密关系。然而，当亲密关系中的一方必须经常牺牲自己，为另一方提供更好的服务时，这种关系就是有问题的，威胁、恐惧和惩罚不应出现在任何健康的亲密关系中。

因此，我们应该帮助受害者摆脱情感操纵，也应支持有意寻求改变的操纵者，但个体的解决方案不能通用于整个社会。社会必须为女性提供必要的经济和教育资源，以使她们更好地支撑自己的生活，获得真正的独立和自由。我们需要确保相关法律及其执行方式，对所有被强制性诱捕和以极端形式被情感操纵的受害者发挥了真正的保护作用。我们需要重新制定有关跟踪行为和性胁迫的法律条例，以确保它们能够保护与操纵者生活在一起的受害者。与操纵者同居或结婚并不代表女性默许了关系中能存在非法攻击、跟踪和监禁行为，情感操纵的概念需要被更广泛地讨论，这样人们才能在关系建立之初就能识别出这种不健康的因素，并作出适当的干预。

各种各业，各种亲密关系中都可能出现情感操纵，虽然不少人会担心无法摆脱情感操纵、重获自由，但事实证明，美好的结局一定会发生。受害者需要亲人、朋友的关爱，也需要资历丰富的专业人员的帮助。相信，随着人们对 PUA 的不断关注和认知提升，一定会让更多的人知道如何去经营一段正常的亲密关系，也能让不少陷入其中的人找到救赎之路。

作者简介

潇邦，原名刘一夫，生于 20 世纪 80 年代，乌克兰首都国立师范大学研究生毕业，行业认证情感分析专家，多栖艺人，国际狮子会 (Lions Clubs) 会员，曾经与 SHE、水木年华等明星同台。

曾出版文学作品《吸引家——手把手打造你的吸引力》《吸引家的诱惑术》等。

出版影视节目作品《恋爱啪啦秀》《电影恋爱学堂》《爱情闺蜜》《潇邦恋爱学堂》等。

曾多次受到新浪、搜狐、网易 、中国新闻网等知名媒体报道。

发展历程

2009 年

成立魔方现代音乐工作室，为大量的名人明星服务。

2010 年

开始在广州本地组织恋爱技巧分享沙龙，分享两性恋爱约会技巧。

2011 年

吸引家工作室成立，正式开始在广州地区举办线下魅力培训课程。

2012 年 5 月

吸引家团队先后在广州、深圳、北京、重庆等地开展恋爱技巧全国巡回讲座。

2012 年 9 月

吸引家邀请了国内顶尖婚姻家庭咨询师加入团队，开始涉及情感修复服务。

2013 年 4 月

吸引家先后在厦门、丽江等地成立驻点培训基地，创新开发丽江计划

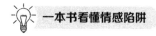

课堂、男神计划等线下系列课程。

2013 年 8 月

出国进行学术交流，分别到访了美国、法国、俄罗斯、新加坡等地，与各国的情感领域专家探讨中国两性情感婚恋的情况。

2014 年 8 月

吸引家团队注资 50 万元，在深圳成立深圳吸引家文化发展有限公司，开始规模化运营，拥有粉丝 88 万，传授男女两性相处知识，推广幸福文化事业。

2015 年 2 月

吸引家成立魅学传媒子公司，注册资本 300 万元，拍摄了《恋爱啪啦秀》《电影恋爱学堂》《爱情闺蜜》等节目，专注于魅力、情感、两性文化传播。

2015 年 3 月

吸引家集团成立第三家子公司：广州吸引家教育科技有限公司，整合八大系统专家开始大规模运营，此时吸引家集团已经成功帮助 23810 多个客户修复了婚恋关系，培训了 32400 多个学员。

2016 年 6 月

吸引家集团成立第四家子公司：广州吸引学文化发展有限公司，推出全新婚恋品牌：爱情闺蜜，爱情维他命，全力加速婚恋行业发展！

潇邦语录

"只要心态好，没有拿不下的恋爱目标。"——潇邦《真爱计划》

"你对女性的所有问题，将在《真爱计划》课堂上全部找到答案。"——恋爱大师潇邦

"诚实、有趣、性感、自信，是爱情吸引力的黄金法则。"——恋爱大师潇邦

"一切问题都是心态问题，只要心态强，可在求爱中化逆为顺。"——潇邦《吸引家的诱惑术》

"只有去爱才能获得被爱，而爱的方法，比爱更重要！"——潇邦《吸引家——手把手打造你的吸引力》

"幸福的捷径，就是学会正确的，魅力的求爱方法。"——潇邦《真爱计划》

潇邦授课方式

五年钻研私人定制教学模式，因材施教，解放心态，绽放自信，释放心能，指导具体的行动方法与步骤，开发每位学员独特的异性吸引力，用最快的方式学会与最亲近的另一半相处。

学员们写给潇邦老师的学习收获感悟

《挽回计划》莫静（北京，34 岁，国企职员）

潇邦告诉我，做人本该如此，做女人就本该如此。生活遮住了我们的双眼，让我们的心灵蒙上了灰尘，我们需要找到了自我、真我。真诚让我们的"人心"更有魅力，我们由心而发的魅力产生正能量的吸引，吸引的不只是男人，这就是潇邦老师的魔力，他给我全面的生活带来了积极的影响。

《挽回计划》嘉文（北京，29 岁，文员）

参加了《挽回计划》之后，我看到自己身上过往不好的影子，破除了爱情臆想症。过去我看不清自身价值，把自己的心包裹起来，现在意识到问题，还是缺少直击心灵的赤裸裸的剖析。在生活中有人直接说我的不足之处，我就会缩起来保护自身。

现在明白了，只有将人内心中脆弱的面诚实地展露出来，才能真正在心灵上获得成长，才能真正地跟自己心爱的人正常地交往相处下去！

《真爱计划》悍马（广州，31岁，工程师，成功恋爱真命结婚，今年小悍马出生）

我的情感生活始于24岁，知道了心真的会痛。单恋失败后孤身来到广州，随着时间流逝痛苦淡去，心灵却逐渐枯竭。有一天我惊讶地发现，自己不会笑了。我戴上一张张面具，掩饰自己的孤独空虚、麻木僵化，直到2010年底，一个朋友无情地将我当众刺穿！由于这件事，我从已有的圈子中逃离。

2011年生日，阳朔，由潇邦老师种下一颗种子，自我；这颗幼小的心，在接下来的两年中历经风雨，有过弯路，有过苦闷，更多的是彷徨；心在风雨中成长，渐渐地强壮，当它能自信地袒露在女人面前时，我发现自己可以结婚了。2013年生日，我踏入婚姻，给自己的感情生活打了一个逗号；为我在健康、财富上的追求也提供了强大的自信，我成功地改变了自己！现在再看到正在受挫折的人，我会说，你就是曾经的我；期望能分享我的成长，加持你的改变！最后一段：为了不再担心，我将我过去学习《真爱计划》实战报告帖直接给老婆看。她的反应完全出乎我的意料，她一句句看完，感动得稀里哗啦，紧紧地抱着我。

《真爱计划》晓木（北京，29岁，IT营业主。已把住真命结婚，今年小小木快生了）

回想起来这些年的感情生活，从最开始的不如意，没有自信，经历坎坷，到上了潇邦老师的吸引课程，来到了新世界，找到了真爱，一步步地看着自己成长，非常为自己感到高兴。在我最困难的时候，潇邦，在我真实自信的成长道路上指明了方向，教会我正确的方法。在此，我向潇邦老师团队致敬。我能遇到自己的真爱，并用真诚的心性流赢得了她芳心，现在两个人依旧完全享受彼此的爱。

《挽回计划》阿城（上海，28岁，外企职员）

自从上完潇邦老师课程之后，我感觉自己的生活改变了很多。我可以通过真实自然的社交魅力，引导别人来喜欢我，这对从前的我来说，简直是不敢相信的。再次感谢十一几天潇邦老师给我的言传身教。

《真爱计划》文锦（北京，25岁，研究生）

我很庆幸能去潇邦老师的课，能和那么多渴求真爱的闺蜜相遇。记得最后分别的时候，潇邦老师对我说，应该感谢自己，是你们选择来这里。老师说得对，我们都是一群缺生活缺爱的女人，只是过去不知道自己的短板在哪里，上了您的课，我才学会说出自己的心声，用有魅力的方式面对我的爱人，展现一个女人应有的情感表达。